ZUANZHUXING KUNCHONG SHENGJIANCE

钻蛀性昆虫声检测

▶▶▶▶▶▶ 娄定风 王新国 汪 莹 编著

中国农业出版社
农村读物出版社
北京

前　言

钻蛀性昆虫为害隐匿，难于发现，在寄主内部造成严重破坏后才能被看到，其检测一直是一个难题。声检测方法是近年来发展起来的高新技术，用于蛀虫检测，能够在早期发现为害，提早防治，大大节省防治成本，提高防治效果。检疫中采用声检测，能够快速发现货物携带的害虫，提高查验效率。

笔者长期从事蛀虫研究和声检测研究，承担了质检总局科技项目（2010IK266）和深圳市科技项目（JC200903180672A）。在项目资助下，完成了大量的研究工作，撰写了专著《昆虫声学》和相关论文。项目完成后，开展了声检测的应用和后续开发，在口岸进境货物中截获了大量蛀虫，并实现多个"全国首次截获"。本书是昆虫声学理论的应用，是笔者实践经验的总结。

为了帮助从业者熟悉和掌握声检测，本书提供了丰富的理论和操作资料，在简要回顾声检测所需的声学和计算机图像的基础知识后，系统地介绍了钻蛀性昆虫的相关知识，包括其分类地位及类别、活动及为害的规律、发声机制及发声特点、蛀虫声传递及其影响因素。重点介绍了声检测设备、声检测方法和检测策略，并为制订声检测方案提供了参考思路。通过本书，读者一方面可以掌握相关的理论和操作知识，另一方面可以把本书作为深入学习相关理论的桥梁。书中介绍了最新的科技成果，为从事蛀虫声检测工作的人员提供了详细的理论和实践指导，可作为培训教材。同时，对于从事昆虫声学、昆虫生物学、昆虫生态学及生物多样性等领域的研究人员来说，这也是一本实用的参考书。该书在口岸检疫、农林业害虫防治、建筑防虫、大专院校教学等方面具有重要的指导意义。

本书的前期工作得到了许多同事的长期协助和大力支持，家人也为此付出了辛劳，深圳市检验检疫科学研究院和中国农业出版社也为本书的出版做了大量工作，在此一并表示由衷的感谢！

书中涉及的声检测设备具有多项专利和软件著作权，受知识产权法保护，读者切勿盲目仿制，以免受到法律制裁或遭受经济损失。有合作研发及购买产品意向的读者，可以直接联系作者。

作 者

于 2019 年 4 月

目 录

绪　　论

钻蛀性昆虫是一类隐匿在寄主内部取食的动物，简称蛀虫，几千年来给人类的生活带来较大损失。古人把钻蛀在物品内的害虫称为"蠹"，并深刻地认识到蛀虫的危害。早在春秋战国时期，《吕氏春秋·达郁》中就提到"树郁则为蠹"。韩非子在《五蠹》中，把造成国家混乱风气的人比作蠹。蛀虫为害隐蔽，造成的损失重大。

很多种类的蛀虫在为害早期并没有表现出征兆，到晚期出现可见的症状时，寄主内部早已被蛀空，造成严重的损失。另外，很多蛀虫都能随着货物的运输而远距离传播，危害范围较大。在人类与蛀虫的斗争中，形成了许多发现蛀虫的方法，如观察有无蛀孔、排泄物、碎屑，剖开物品检查有无蛀虫等。然而，这些传统的检查方法耗时长、费工费力，效率低下，许多蛀虫很难被找到，因而蛀虫检测一直是一个难题。

近年来，随着科学的发展和技术手段的提高，集合现代声学、昆虫声学、信息技术、电子技术等领域的新理论，集多项新技术为一身的声检测技术诞生了。新的检测技术能够快速检测到蛀虫发出的微弱声音，根据声音判断物品内部是否存在蛀虫，能够在早期发现蛀虫的为害，为蛀虫的早期防治提供了有力的证据和合适的时机，大大缩小了灭虫处理的范围，从而有效节省防治成本，避免严重损失。对于随运输货物传播的蛀虫，使用声检测方法，能够快速发现蛀虫，大大提高检出率和检测效率，有效阻断蛀虫的传播和扩散。

本书旨在帮助广大读者掌握声检测的原理、理论、技术和方法，从而提高防治和控制钻蛀性害虫的水平。第一章和第二章普及声检测所需的声学及计算机图像的基础知识。第三章和第四章系统介绍了钻蛀性昆虫的相关知识，包括其分类地位及类别、活动及为害的规律、发声机制及发声特点、蛀虫声传递及其影响因素。第五章和第六章重点介绍声检测设备、声检测方法和检测策略，并对制订声检测方案提供了参考意见。对于已购买声检测设备的用户，本书可以作为详细的辅导教材，帮助其理解原理、掌握技术，提高使用效果。本书主要面向声检测应用领域的读者，原理部分的理论不做深度探讨，点到为止。由于声检测涉及昆虫学、物理学、计算机科学等多个学科，限于篇幅，这里仅提供与应用有关的基本知识。需要深究的读者，可以阅读其他书籍。

声学相关知识

声检测是对声音进行检测。检测者要做好这项工作，就需要了解声音的相关知识，掌握音频设备的常识，从而在使用声检测设备时，能够充分理解检测原理，准确掌握操作方法，获得良好的检测效果。

第一节　声学基础知识

一、声波与声音

发声物体的振动会引起周围媒质质点由近及远的波动，我们称之为声波，其中引起声波的物体称为声源，传播声波的物质为媒质，两者缺一不可。声波可在气体、液体、固体等不同介质中传播，但不可在真空中传播。声波在固体内的表现形式为振动波。

声音是由声源振动引起的声波，传播到人的耳鼓，耳鼓也产生同频率振动的共同作用，这样人们就可以听到声音了。声音是在气体、液体或固体介质里传播的一种机械振动。

二、声波的物理量

（一）声速

声波在媒质中每秒钟传播的距离称为声速，用符号 c 表示，单位符号为 m/s。声速与媒质的密度、弹性等因素有关，而与声波的频率、强度无关。

（二）波长和频率

声波在一个周期内传播的距离，或在波形上相位相同的相邻两点间距离称为波长（图 1-1），用符号 λ 表示，单位符号为 m。

每秒内周期性振动的次数称为声音的频率，用符号 f 表示，单位名称是赫兹（Hz）。人耳可听声的频率范围为：20 Hz～20 kHz。人们习惯上将 500 Hz 以下声音称为低频音，如敲门声；1 000～2 000 Hz 的声音称为中频音，2 000 Hz 以上声音称为高频音。500 Hz、1 000 Hz、

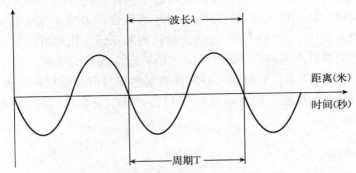

图 1-1 声波的波长和周期 （娄定风/绘）

2 000 Hz 是人们言语交往的主要频率，故称语言频率，是判定听力损失程度最常用的。

声速、波长和频率之间的关系为：

$$c = \lambda \times f \tag{1}$$

由式（1）可知，声波的频率越高，其波长越短。日常中的声波常常是多个频率的波叠加而成。

（三）振幅和相位

物体离开静止位置的距离称为位移，其中最大的位移称为振幅，振幅的大小决定了声音的大小，振幅越大的声波，其能量越大，传播的距离也越远。

相位是在时刻 t 时，某一点的振动状态。通常以度（角度）作为单位，亦称为相角。当信号波形以周期的方式变化时，波形循环一周即为 360°，即使振幅和频率相同，波之间还会有相位的差别（图 1-2）。

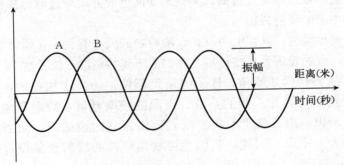

图 1-2 振幅相同，频率相同，相位不同的 A 波和 B 波 （娄定风/绘）

若把声波表达式写成：$x = A\sin(2\pi ft + \varphi)$，则式中 A 为振幅，$2\pi ft + \varphi$ 即为相位。

（四）声压与声压级

通常，声波的强度可用声压、声压级来定量描述。

声源的振动以声波的形式在介质中传播，传播所涉及的区域称为声场（sound field）。当声波在空气中传播时，声场中某一点的空气分子在其平衡位置沿着声波前进的方向发生前后振动，使平衡位置处空气的密度时疏时密，引起平衡位置处空气的压力相对于没有声音传播时的静压发生变化。我们将该点空气压强相对于静压强的差值定义为该点的声压（sound pressure）。在连续介质中，声场中任一点的运动状态和压强变化均可用声压表示。

人耳刚能听到的微弱声音的声压是 $2×10^{-5}$ Pa，称为人耳的听阈；使人耳感觉疼痛的声压为 20 Pa，称为人耳的痛阈。考虑到人对声音响度感觉与声音强度的对数成比例，引用声压比的对数来表示声音的强弱，即声压级 L_p，单位：dB（分贝），表达式为：

$$L_p = 20 \lg \frac{p}{p_0} \tag{2}$$

式中：p——声压，Pa；

　　　p_0——基准声压，为 $2×10^{-5}$，即听阈声压。

通常情况下，年轻人的正常听力为 0 dB（听力级），夜深人静的环境声约为 20 dB（声压级，以下同），两人正常谈话声约 60 dB，大功率助听器输出最大声可达 140 dB。

三、声音的反射、衍射和干涉

（一）反射

当声波在传播过程中遇到尺度比波长大得多的障板（不同质地介质之间的界面或障碍物）时，就会产生反射现象。声音的反射和障碍物的线度（长短粗细）有关，频率越低的声音，波长越长，需要的发生反射的障碍物线度就越大。

（二）衍射

当声波遇到障碍物或孔洞，其大小比声波波长大得多时，可认为声波仍沿着直线传播，由于障碍物的反射作用，在障碍物后面形成一个"声影区"，障碍物或孔洞的大小比声波波长小得多时，则声波不是沿着直线传播，而是改变前进的方向绕过障碍或孔洞，使传播方向改变，这种现象称为波的绕射或衍射。

所有声波都能发生绕射，其程度与波长、障碍物的大小有关。在通常条件下，有的声波会发生明显的绕射，有的表现为直线传播。我们能听到的声波，波长在 17 cm～17 m 的范围内，是可以与一般障碍物（如墙角、柱子等建筑部件）的尺度相比的，所以能绕过一般障碍物，使我们听到障碍物另一侧的声音。声源的频率越低，绕射现象越明显。由于声波有绕射的本领，所以室内开窗比不开窗更能听到邻室的谈话声，而当墙壁存在缝隙和孔洞时，隔声能力大大下降。因此，我们也可利用声波的绕射现象设计穿孔板一类的吸声结构来吸声。

（三）干涉

两个频率相同、振动方向相同且步调一致的声源发出的声波相互叠加时就会出现干涉现象。如果它们的相位相同，两波叠加后幅度增加，声压加强；反之，如果它们的相位相反，两波叠加后幅度减小，声压减弱；如果两波幅度一样，将完全抵消。由于声波的干涉作用，常使空间的声场出现固定的分布，形成波峰和波谷（从频响曲线上看似梳状滤波器的效果），即驻波现象。

四、声波在传播过程中的衰减

声波在介质中传播时会被吸收而减弱，气体吸收最强而衰减最大，液体其次，固体吸收最弱而衰减最小，因此对于一定强度的声波，在气体中传播的距离会明显比在液体和固体传播的距离短。声波在介质致密的物体中传播时衰减小，在同一类物体中传播时，频率越高则衰减越大。

声音在传播过程中将越来越微弱，这就是声波的衰减。造成声波衰减的原因有以下三个。

1. 扩散衰减

物体振动发出的声波向四周传播，声波能量逐渐扩散开来。能量的扩散使得单位面积上所存在的能量减小，人们听到的声音就变得微弱。

2. 吸收衰减

声波在固体介质中传播时，由于介质的黏滞性而造成质点之间的内摩擦，从而使一部分声能转变为热能；同时，由于介质的热传导，介质的稠密和稀疏部分之间进行热交换，从而导致声能的损耗，这就是介质的吸收现象。介质的这种衰减称为吸收衰减。通常认为，吸收衰减与声波频率的平方成正比。

频率越高超声波越容易被吸收，随着传播距离增加超声波被吸收得越多，由于距离增加会使超声波被吸收太多从而导致反射回来成像的强度降低。

3. 散射衰减

当介质中存在颗粒状结构（液体中的悬浮粒子、气泡，固体中的颗粒状结构、缺陷、掺杂物等）而导致声波的衰减称散射衰减。通常认为，当颗粒的尺寸远小于波长时，散射衰减与频率的四次方成正比；当颗粒尺寸与波长相近时，散射衰减与频率的平方成正比。

扩散衰减只与距声源的距离有关，与介质本身的性质无关。吸收衰减与散射衰减大小则取决于声波的频率和介质本身的性质。

五、噪声

随着社会的发展，在我们生活的周围，噪声对环境的污染与大气、水质受污染一样，已逐渐成为一种危害人类环境的公害。

广义地说，一切我们所不希望存在的声音都可称之为噪声。噪声又可分为有序噪声与无序噪声两大类。有序噪声是按一定规律作周期性变化的噪声，例如质量较差的日光灯镇流器产生的 50 Hz 噪声。而无序噪声则是无规律变化的噪声，交通噪声即是此类噪声。噪声影响人们正常的工作与生活，对人们的健康有害，同时也会损害建筑。控制噪声已经成为人们日益关注的问题。控制噪声的最好办法是消除噪声源，其次是在噪声源上做防震、隔震及吸声、隔声处理，当然"切断"或减弱噪声中间传播途径也是较为理想的控制噪声的手段。

对于声检测仪器而言，噪声常被定义为信号中的无用成分，例如当正在处理的信号频率为 20 kHz 时，如果系统中混有 50 kHz 的信号，则 50 kHz 的信号就可称为噪声，此时，为了有效提取目标信号，对其特性进行研究，我们常在硬件（选择抗干扰能力强的硬件设备）

或软件上（各种去噪算法）采用一定的信号处理方法对传感器接收到的信号进行降噪处理（娄定风，2012）。

六、声音的数字化表示

声音是模拟信号，将模拟信号转换成数字信号，叫作"模/数转换"，也叫"A/D 转换"。在时间和幅度上都连续的模拟声音信号，经过采样、量化和编码后，得到用离散的数字表示的数字信号。转换的过程如下。

1. 采样

采样就是在某些特定的时刻对模拟信号进行测量，对模拟信号在时间上进行量化。具体方法是：每隔相等或不相等的一小段时间采样一次（图1-3）。相隔时间相等的采样为均匀采样，相隔时间不相等的采样为不均匀采样。理论上来说，数字采样模拟信号过程中，必须保证采样频率是被采样信号最高频率的2倍以上，才能保证还原成模拟信号时信号不会产生混叠。计算机中常用的采样率为44 100 次/秒和48 000 次/秒，这是因为人耳能听到的声音频率范围是 20 Hz～20 kHz。

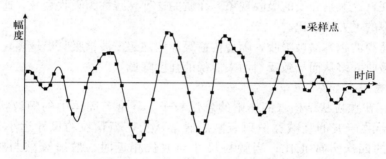

图1-3　声音信号及采样　（娄定风/绘）

2. 量化

将信号的强度划分为多级，根据模拟信号的幅度分别划入不同的级，计算机中常将声音级别划分为 2^8（256）级。

3. 编码

将量化后的整数值用二进制数来表示。计算机中常将每次采样的样本用8个二进制位编码来表示。

采样频率越高，量化数越多，数字化的信号越能逼近原来的模拟信号，而编码用的二进制位数也就越多。

第二节　声波在不同介质中传播

一、声波在粮食中的传播

粮食吸声特性与流阻、孔隙率、结构因子（表现为粮食颗粒的大小、形状、排列方式和粮食密度）、厚度等有关，且存在一定的规律（郭敏，2003）。

（1）粮食是高吸收声波的媒质，粮食颗粒形状、大小的不同，使其声吸收各异。一般地，同一厚度下，颗粒大的较颗粒小的声吸收差，颗粒由大到小，吸声系数峰值频率由高频向低频方向移动；球形颗粒较长形颗粒声吸收差，由球形到长形，吸声系数峰值频率由高频向低频方向移动。

（2）粮食厚度也是影响其声吸收的一个重要因素，粮食厚度增加，吸声系数随之增大，最大吸声峰值频率由高频向低频方向移动，并使低频吸声系数增大。

（3）粮食吸收与其颗粒形状、大小有关，而受粮食品种影响甚微。在小颗粒粮食中的声速比大颗粒小，大颗粒粮食中的声速比空气小。这是因为进入粮食中的声波在传播过程中，只能通过粮粒间的空气间隙向前传播，由于受到粮食颗粒的阻挡，使声波的传播受阻，从而使声速变慢。粮粒间空气间隙越小，在间隙通道中的漫反射和折射次数越多，声传播的速度就越慢。

二、声波在木材中的传播

木材的传声特性的主要衡量指标为声速。木材是各向异性材料，衰减系数也与声波的传播方向有关，且其传声特性具有明显的方向性和规律性。当声波沿穿越纹理（年轮）的方向传播时，衰减系数约为纹理方向传播时衰减系数的 5 倍。由于衰减系数与介质密度有反比关系，而干材在纹理部位的密度大致相当，故可认为干材与生材大致相当。用传感器接收木材中的某信号源所发出的声信号时，若声波是沿纹理方向传向传感器的，即使传感器离声源较远，仍能收到声信号；若声波沿穿越纹理方向传向传感器，即使传感器离声源很近，也可能收不到信号。与其他材料相比，木材的衰减系数较高，尤其对于高频信号而言，木材是一种很强的吸声材料。

当内部声波沿着条状木材传递到末端、遇到木材与空气之间的界面时，会产生反射，导致远离声源靠近木材末端的声强变大。这种现象发生在高频段，主要是短波长的声波遇到障碍物（木材末端界面）产生反射导致（娄定风，2012）。

木材的种类很多，不同种类的木材质密度不同，红木家具的木材密度高，传声效果好，声音传递距离远。

第三节　音频相关设备与操作

一、接口

音频设备之间传输音频信号，所用的接口有一定的样式和规格（图 1-4）。一般设备上凹入的接口俗称母头，连接母头的插头俗称公头。母头和公头类型必须匹配，才能插入使用。熟悉这些接口，才能正确连接音频设备。常用的接口如下有：

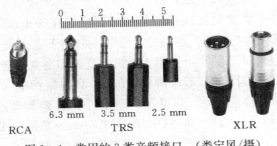

图 1-4　常用的 3 类音频接口　（娄定风/摄）

（一）RCA 接口

RCA 接头就是常说的莲花头，利用 RCA 线缆传输模拟信号是目前最普遍的音频连接方式。每一根 RCA 线缆负责传输一个声道的音频信号，所以立体声信号需要使用一对线缆。对于多声道系统，就要根据实际的声道数量配以相同数量的线缆。立体声 RCA 音频接口一般将右声道用红色标注，左声道则用蓝色或者白色标注。

RCA 插头上有不同的段，插座内部也有不同段的簧片与之接触。插头顶端有凹陷部分，便于插入后定位。有时插头插入时，不一定要插入最底，而是在簧片卡入插头凹陷处时出现咔嗒一声时最佳。

（二）TRS 接口

TRS 含义包括 Tip（顶端，信号）、Ring（环，信号）和 Sleeve（基部，接地），表示接口的 3 个触点。4 个触点的称为 TRRS。TRS 接口是圆柱体形的接口，通常按直径有 3 种尺寸，即 1/4″（6.3 mm），1/8″（3.5 mm），3/32″（2.5 mm）。各种 TRS 接口间可以通过转换接口相互转换。以往计算机通过一个 TRS 接口输入模拟音频信号，另一个 TRS 接口输出模拟音频信号，现在多改为一个 TRRS 四芯接口，作为耳麦接口。TRS 接口规范见图 1-5。

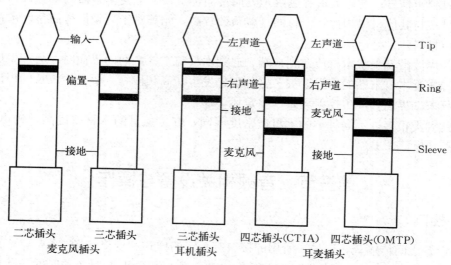

图 1-5　TRS 接口规范　（娄定风/绘）

1. 3.5 mm 接口（小三芯接口）

3.5 mm 立体声接口是最常见的模拟信号接口，广泛用于电脑、平板、播放器、手机等。3.5 mm 插头一般可分为二芯和三芯两种，二芯一般用于麦克风，三芯插头一般用于立体声耳机、音箱。目前还有四芯插头，多用于手机上耳机和麦克风合一的耳麦。需要注意的是，四芯插头有国际标准（国标，CTIA 协议，I 版）和国家标准（非国标，OMTP 协议，N 版）两种制式（线序不同）。苹果、HTC、三星、小米、魅族等品牌等采用 CTIA 协议（与美国通用标准 AHJ 是一致的），而 NOKIA、MOTO、OPPO、BBK、索尼爱立信、中兴、酷派采用 OMTP 制式的耳机。部分手机两者兼容，有些却不行。

2. 6.3 mm 接口（大三芯接口）

6.3 mm 接口在高档音频设备及耳机上使用。其接脚同小三芯接口。

3. 2.5 mm 接口

2.5 mm 接口以前较为流行，现在基本被 3.5 mm 接口取代。其接脚同小三芯接口。

（三）XLR 接口

XLR 接口又称"卡农口"，通常是 3 脚的，也有 2 脚、4 脚、6 脚的，用于高档耳机线。

（四）USB 接口

USB 是通用串行总线（Universal Serial Bus）的缩写，是计算机系统连接外部设备的一种串口总线标准，也是一种输入输出接口的技术规范，被广泛应用于个人电脑和移动设备等信息通信产品，并扩展至摄影器材、数字电视（机顶盒）、游戏机等其他相关领域。由于 USB 接口有供电功能，现在很多充电方式都使用 USB 接口。在音频传输方面，USB 接口主要用于传输数字音频。

随着 USB 接口的发展，形成了不同的接口规范，USB 1.0 速度为 1.5 Mbps（每秒传输位数）。USB 1.1 是较为普遍的 USB 规范，其高速方式的传输速率为 12 Mbps，低速方式的传输速率为 1.5 Mbps。USB 2.0 规范是由 USB 1.1 规范演变而来的，传输速率达到了 480 Mbps。USB 3.0 的理论速度为 4 Gbps。最新一代的是 USB 3.1，传输速度为 10 Gbit/s，三段式电压 5 V/12 V/20 V，最大供电 100 W。Type C 是一种新型的接口类型，可采用不同的接口规范，其特点是不分正反，克服了以往的 USB 接口分正反方向，插反了插不进的问题。符合同一接口规范的接口类型有多种，常见的有 Type A、Type B、Type C、Micro B、Mini B 等，为了区别接口规范，常在接口上加注接口规范的标识，并且 USB 3.0 接口处常采用蓝色，见图 1-6。

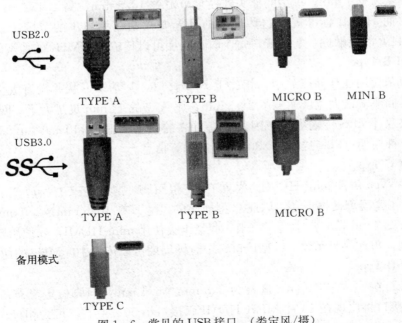

图 1-6　常见的 USB 接口　（娄定风/摄）

外置声卡常通过 USB 接口连接计算机，接收和发出数字化的音频信号。打印机一般使用 Type B 接口连接，安卓手机多采用 Micro B 接口，而新款手机则通过 Type C 型 USB 接口来连接耳麦。

声测仪上可以通过 USB 接口备份录音、截图和文字资料，拷贝文件，连接音频设备，也通过 USB 接口进行充电。

（五）HDMI 接口

HDMI 接口是高清多媒体界面（High Definition Multimedia Interface）的简称，是一种全数字化视频和音频的发送接口，可以发送未压缩的音频及视频信号。HDMI 可用于机顶盒、DVD 播放机、个人计算机、电视游乐器、综合扩大机、数字音响与电视机等设备。HDMI 可以同时发送音频和视频信号，由于音频和视频信号采用同一条线材，大大简化了系统线路的安装难度。

按照电气结构和物理形状的区别，HDMI 接口可以分为 4 种类型，常用的为 A 型和 C 型（图 1-7）。每种类型的接口分别由用于设备端的插座和线材端的插头组成，使用 5 V 低电压驱动，阻抗都是 100 Ω。

图 1-7　HDMI 接口　（娄定风/摄）

1. HDMI A Type

HDMI A Type 为最常见的 HDMI 接头规格。A 型的插座成扁平的 D 形，上宽下窄，接口外侧设有一圈厚度为 0.5 mm 的金属材质屏蔽层，防止来自外界的各种干扰信号。其中用于设备端的插座内径最宽处 14 mm，高 4.55 mm，19 根引脚在中心位置分两层排列，每根引脚的宽度为 0.45 mm，长度为 4.1 mm。A 型的插头外径是最宽处 13.9 mm，高 4.45 mm，内部的引脚呈环状排列。而 HDMI 标准规定这些尺寸的误差要控制在相当小的范围内（0.05 mm 左右），以保证良好的接触性。A 型接口每个时钟周期可以传输 165 MHz 的像素的信息。

2. HDMI B Type

此类接口未应用在任何产品中。相比于 A 型接口，其基本形状并没有太大变化，都是 D 形，但是其插座端最大宽度达到了 21.3 mm，比 A 型的 14 mm 足足大了一圈。有 29 个引脚，可以提供双 TMDS 传输通道，因此支持更高的数据传输率和 Dual-Link DVI 连接。B 型接口每个时钟周期可以传送高达 330 MHz 的像素信息。

3. HDMI C Type

HDMI C Type 俗称 mini-HDMI，总共有 19 根引脚，脚位定义有所改变。C 型 HDMI 接口设计是为了紧凑型便携设备，因此 C 型插座的尺寸只有 10.5 mm×2.5 mm，插头也只有 10.42 mm×2.4 mm，非常小巧。由于一些显卡会使用 mini-HDMI，须使用转接头转成标准大小的 A 型，再连接显示器。C 型接口每个时钟周期可以传输 165 MHz 的像素的信息。

4. HDMI D Type

HDMI D Type 总共有 19pin，规格为 2.8 mm×6.4 mm，但脚位定义有所改变。新的 Micro HDMI 接口将比现在 19 针 MINI HDMI 版接口小 50% 左右，可为相机、手机等便携设备带来最高 1 080 p 的分辨率支持及最快 5 GB 的传输速度。

HDMI 接口线缆长度限制在 15 m 以内。带有 A 型 HDMI 接口的信号发射装置可以连接到使用 B 型接口的接收装置上，此时仅需要一个 B 型到 A 型的转换接口，即可顺利连接。但是一个带有 B 型接口的信号发射装置不可能连接一个带有 A 类接口的信号接收装置。

二、音频设备

（一）录音机

以前的录音机采用磁带，体形庞大，现在的录音机已经数码化，采用数字存储的方式来记录音频，体形做得很小，商品名称为录音笔或录音棒。

数码录音机常采用 3.5 mmTRS 接口录制外部设备输出的音频以及播放录音；采用 USB 接口与计算机对接，传输数字音频文件。

（二）声卡

声卡是将模拟声信号转变为数字声信号的设备。一般音频模拟信号从 3.5 mmTRS 接口等各种途径输入，转化为数字信号传送给计算机；计算机的数字信号也通过声卡输出到 3.5 mmTRS 接口等各种接口。声卡按照其安装位置可分为内置和外置两类，内置的安装在计算机内部，外置的通过 USB 等接口与计算机连接。

（三）扬声器

扬声器是一种把电信号转变为声信号的换能器件。其种类很多，按其换能原理可分为电动式、静电式，电磁式、压电式等几种。扬声器应用较为广泛，在昆虫声学、电子电器、钟表、通信等行业中均有应用。

扬声器性能的优劣直接影响声音的音质。其性能主要通过灵敏度、频率特性、额定功率、谐波失真和指向性等参数来衡量。在实际工作中，可根据以上性能指标以及应用场合和输入信号的最大功率等因素，选择合适的扬声器，避免音质受损失真。

（四）耳机

耳机与扬声器类似，是一种小型化的扬声器。耳机的接口有 3.5 mmTRS、6.3 mmTRS 和 USB Type C 等许多类型。其按照外形可分为头戴式和耳塞式的，头戴式的隔绝外界噪声较好，但是比较笨重，天热时还容易出汗；耳塞式的轻便，有些有胶质塞头的，隔噪声效果也不错。

一般说来，耳机阻抗越大，其承载功率越大，不会因过载造成声音失真（俗称"推爆"），其频响和动态范围的适应面更广阔。另外，高阻也利于降低播放器底噪，在推力足够的情况下，理论上高阻比低阻更保真。低阻耳机一般灵敏度较高，播放输出功率较大时，很小的功率就可以推动它，而当音量较大的时候，耳机振膜振幅较大，极易失真（也就是"推爆"了），高频刺耳、低频不出。音量减小后，失真消失。

近年来，许多厂家推出的主动式降噪耳机能够大大降低周围噪声对播放声音的干扰，这样的耳机是在高噪环境下进行声检测的利器。

（五）拾音器

拾音器又称监听头，是用来采集现场环境声音再传送到后端设备的一个器件，由咪头（麦克风）等声音传感器和音频放大电路构成。拾音器一般分为数字拾音器和模拟拾音器。数字拾音器是通过数字信号处理系统将模拟的音频信号转换成数字信号并进行相应的数字信号处理的声音传感设备；模拟拾音器是用一般的模拟电路放大咪头采集到的声音。

（六）音频线

为了防止外界的干扰，一般音频线都做成同轴电缆，立体声的做成三芯，有些音频线还多加一层金属层保护。由于导线都有电阻，当音频线过长时，因电阻大会导致信号弱。音频线两端的接口可以是相同的，也可以是不同的（转换线）。

（七）噪声计

噪声计也称为声级计，用于测量环境中声音的强度，测量值用 dB（分贝）表示。在进行声检测时，对周围环境的噪声强度有一定要求，可以使用噪声计预先测量。声检测对噪声计精确度要求不高，一般可准备一个小型手持式的噪声计，对环境噪声有大致的了解即可。

（八）音频文件存储介质

常用的有 U 盘、移动硬盘等，光盘现在逐渐淡出市场。音频文件存放在指定的目录（文件夹）下。

三、操作

接口由插头（公头）和插座（母头）构成。插头适用于同一类型的插座，有时元器件做得不是很好时，会有接触不良的情况，此时可以适当调节一下插入的深浅，以保证良好的接触。

接口种类很多，在不同的接口间，可以使用转换线，两端用不同类型的接口连接不同的设备。

用录音机录音时，常常可以使用耳机进行同步监听。

使用耳机时，需要注意耳机功率匹配和阻抗匹配，避免小马拉大车或大马拉小车的情况出现。

使用降噪耳机时，要打开降噪开关，启动降噪功能。

使用声卡时，如果想把输出的声音用计算机再录制回来，也可以采用音频线连接麦克风和喇叭接口的方法。如果操作系统中有混音器，则不采用此种方法。

进行声音采集时，采集的声音通过播放设备播出，播出的声音又被重新采集时，信号被不断自我放大，产生啸叫，即一种尖叫声。出现啸叫时，需要隔断这种重复的循环，采取调小音量、将播放设备远离采集设备等措施。

第四节 音频相关软件与操作

一、音频文件

音频文件是存放音频数据的文件，存在多种不同的格式。音频文件有两类主要的格式：

① 无损格式，例如 WAV、FLAC、APE、ALAC、WavPack（WV）。

② 有损格式，例如 MP3、AAC、Ogg Vorbis、Opus。

常用的格式为 WAV 和 MP3。进行声检测时，为了记录完整的数据，一般多采用 WAV 格式；进行宣教时，也可使用 MP3 格式。

WAV 格式是基于 RIFF（Resource Interchange File Format）文件格式，通常使用三个参数来表示声音：量化位数、取样频率和采样点振幅。量化位数常分为 8 位、16 位、24 位三种，声道有单声道和立体声之分，单声道振幅数据为 n×1 矩阵点，立体声为 n×2 矩阵点，取样频率常用的有 22 050 Hz（FM 广播音质）、44 100 Hz（CD 音质）和 48 000 Hz（DVD 音质）音频标准，虽然音质出色，但在压缩后的文件体积很大。

MP3 是一种音频压缩技术，其全称是动态影像专家压缩标准音频层面 3（Moving Picture Experts Group Audio Layer Ⅲ），简称 MP3，可大幅度地降低音频数据量。利用 MPEG Audio Layer 3 的技术，可将音乐以 1∶10 甚至 1∶12 的压缩率压缩成容量较小的文件，而对于大多数用户来说，压缩后的音质与最初的不压缩音频相比没有明显的下降。

打开音频文件，可以在资源管理器上鼠标双击文件名，用默认的音频播放软件打开；或者打开音频播放软件，查找音频文件并打开。

声检测设备的录音常采用 WAV 格式，以保证录音结果不失真。16 位立体声录音，每分钟录音文件大小约为 10 MB，12 小时录音在 8 GB 左右。

二、Windows 操作系统的设备

以下以 Windows 7 为例，进行介绍。

Windows 操作系统中有管理音频的软件，称为音频设备（device），分为播放设备和录音设备。在屏幕右下角的小喇叭图标处点击鼠标右键，可以在弹出菜单中进行选择（图 1-8）。

（一）播放设备

播放设备是计算机操作系统用来将音频数据输出到扬声器、耳机的软件。

点击菜单的"播放设备"，打开播放设备的窗口。窗口中列出了系统中的设备，有时没有列出已禁用的设备和已断开的设备，可以点击鼠标右键，在菜单中激活显示（图 1-9）。

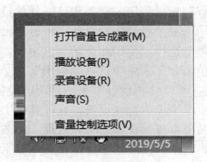

图 1-8 小喇叭图标右键菜单
（娄定风/摄）

用鼠标双击一个播放设备，打开一个属性窗口。再点击"级别"标签，更换到新的窗口（图 1-10）。在"麦克风"栏目，如果有 🔇 图标，表示麦克风的声音不能直接通向喇叭。点击这个图标，会变成 🔊 图标，表示麦克风的声音可以从播放设备中监听到。此时通过调节滑块，可以控制麦克风传出的音量。点击"平衡"按钮，可以分别调节左右声道的音量。将麦克风声音导入播放设备。

图 1-9　播放设备标签页　（娄定风/摄）　　　图 1-10　扬声器属性　（娄定风/摄）

在使用声测仪时，设置后可以从音频输出接口插入耳机侦听虫声。

（二）录音设备

录音设备是计算机操作系统从外部或内部获取音频数据的软件。

点击菜单的"录音设备"，打开录音设备的窗口。窗口中列出了系统中的设备，有时没有列出已禁用的设备和已断开的设备，可以点击鼠标右键，在菜单中激活显示。

对于已禁用的设备，可以用鼠标双击，打开一个属性窗口。在"设备用法"栏的下拉菜单中选择"使用此设备（启用）"，并点击"确认"按钮，或者在已禁用的设备上用鼠标右键单击，在菜单中选择"启用"。

"立体声混音"是一种特殊设备，能将喇叭播放的声音转入麦克风。激活后在鼠标右键菜单中设为默认设备，在计算机上播出的声音就会从立体声混音设备中重新进入计算机，从而可以进行录音和音频处理。在演示时，可以在声测仪上播放虫声录音，声音自动返回计算机，如同实际检测一样，可以显示音频图像。但并非所有计算机都有这个设备。

在 Windows 10 操作系统中，在屏幕右下角的小喇叭图标处点击鼠标右键，弹出菜单有些不同。在菜单中选择"打开声音设置"，会出现图 1-11 的窗口，点击"设备属性"打开属性窗口。

三、音量控制

屏幕右下角有小喇叭图标，用鼠标点击后，移动滑块可以调节计算机的音量。有些系统中还安装了其他音量控制，可根据具体的软件进行操作。

四、音频播放器

计算机中自带播放器，但是很多时候可以安装更好的播放器。一般音频文件都关联了特定的播放器，双击文件可以自动调用关联的播放器来播放文件的音频内容。

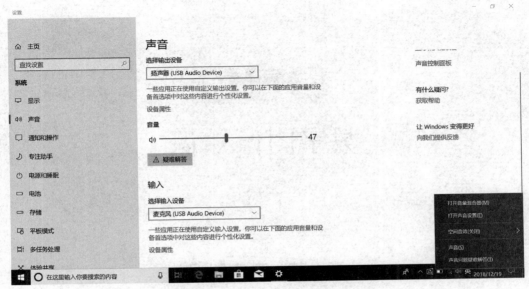

图 1 - 11 Windows 10 的音量控制 （娄定风/摄）

五、蓝牙

较新版本的操作系统都支持蓝牙设备。有些台式计算机没有蓝牙，需要安装蓝牙驱动程序。安装了蓝牙驱动程序的，可以搜索蓝牙设备，经过对码，连接这些设备。目前，外接蓝牙设备基本为播放设备，可以将计算机上的音频内容通过蓝牙播放到外接设备上。声测仪通过设置可以使用蓝牙耳机进行监听，音频文件也可以通过蓝牙传输到其他计算机上。

六、无线网络

台式计算机上有部分具有无线网络功能，没有的可以加装无线网卡。笔记本和平板电脑基本上都有无线网络。

通过无线网络，可以连接远程的计算机和设备，将音频文件和其他文件传输出去或接收进来，还可以通过远程桌面控制或接收声测仪主机。

数字图像知识

第一节 基本知识

一、数字图像

数字图像又称数码图像或数位图像，是由模拟图像数字化得到的，以像素为基本元素，用数字计算机或数字电路进行存储和处理。

数字图像的基本单位是像素。放大看，多个像素组成横排竖列，构成整幅的二维图像（图 2-1，见彩插 1）。

每个像素由一组数值来记录和表示。图像分为：

① 二值图像（Binary Image）：像素亮度值为 0 或 1，图为黑白图。

② 灰度图像（Gray Scale Image）：也称为灰阶图像。图像中每个像素可以由 0（黑）到 255（白）的亮度值表示。0～255 表示不同的灰度级。

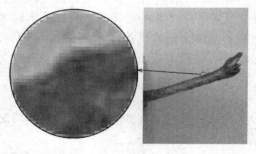

图 2-1（彩插 1） 图像局部放大后可见像素（左侧的彩色方块）（娄定风/摄）

③ 彩色图像（Color Image）：每幅彩色图像是由三幅不同颜色的灰度图像组合而成，一个为红色，一个为绿色，另一个为蓝色。

二、数字图像格式

数字图像格式指的是数字图像存储文件的格式。原始的图像像素毫不改变地保存，图像文件会很大。为了节省存储空间，提高图像传输速度，可采用压缩算法对图像进行压缩，压缩后的文件会大大减小。同一幅图像可以用不同的格式存储，不同格式之间所包含的图像信息并不完全相同，图像质量不同，文件大小也有很大差别。因此，只依据压缩图像的文件大小是无法判断原始图像的像素数量的。图像文件的格式有很多，常见的有以下几种：

① BMP 格式。BMP 是一种无压缩的格式，图像信息全，但是文件所占用的空间很大。BMP 文件格式是 Windows 环境中交换与图有关的数据的一种标准，在 Windows 环境中运行的图形图像软件都支持 BMP 图像格式。目前声检测设备的声波截图主要采用 BMP 格式。

② JPEG 格式。JPEG 是最常见的图像文件格式，是一种有损压缩格式，可以调整压缩比，将图像压缩在很小的储存空间内，占用磁盘空间少。压缩后，图像中重复或不重要的资料会丢失，因此容易造成图像数据的损伤，尤其是使用过高的压缩比例，会使解压缩后恢复的图像质量明显降低。如果追求高品质图像，不宜采用过高压缩比例。JPEG 适合应用于互联网，可减少图像的传输时间，因此，JPEG 格式是目前网络和彩色扩印最为适用的图像格式。

③ GIF 格式。GIF 格式可用作静态或动画的图像，目前几乎所有相关软件都支持它。GIF 是网络上图像传输的通用格式，速度要比传输其他图像文件格式快得多。它最大的缺点是最多只能处理 256 种色彩，故不能用于存储真彩色的图像文件。

三、分辨率

分辨率又称解析度、解像度，可分为显示分辨率与图像分辨率两个概念。

显示分辨率（屏幕分辨率）是屏幕图像的精密度，即显示器显示的像素数量。屏幕上的像素横竖排列，一个屏幕上像素越多，画面就越精细。目前高清分辨率是 $1\,920 \times 1\,080$ 像素。同样像素大小的图像，在显示器不同分辨率下显示出来的尺寸不同，分辨率越高，图像显得越小。

图像分辨率则是单位长度中所包含的像素点数，常用每英寸点数（dot per inch，dpi）来表示。图像分辨率越高，图像越细腻。在图像打印时常常使用这个分辨率。图像一维的像素数（N）、图像分辨率（R）和照片尺寸（L）的关系是：

$$N=RL \tag{3}$$

通过拍照、扫描、截屏等途径获取图像时，图像像素数就已固定。一些软件可以改变图像分辨率，同时图像尺寸则成反比变化，更换分辨率就会影响打印后的图像尺寸。如果需要较大尺寸的图像，同时满足印刷的分辨率，就只能改变图像的像素数。通过 Photoshop 等软件可以通过插值增加像素，但是像素增加太多，图像会失真。减少像素主要是删除像素，图像失真相对较少。

需要注意的是，有些照片标记有"放大倍数"一词，实际上不准确。这个概念产生在使用显微镜拍照时，但是这些照片显示或打印出来时，尺寸会有变化。

四、波形图

波形图是表示随着时间变化，数值大小变化轨迹的图形，一般用横坐标表示时间，纵坐标表示数值大小。声音的波形图表达的是每个时间点声音强度的轨迹。某一频率的声音是一个正弦图像，在同一图中，频率越高的声波图像越密集。由于声音大多由多种频率的声波叠加而成，因此所看到的波形图多不为正弦图像。

五、声谱图

声谱图是表示声音频率和强度随时间变化的图形。用横坐标表示时间，纵坐标表示频率，声音的强弱用颜色深度表示（图2-2，见彩插2）。虫声在声谱图上会表现出一定特征的图像。

图2-2（彩插2） 声谱图 （娄定风/摄）

第二节　数字图像相关设备

一、显示器

显示器是最常见的数字图像表示设备。传统的显示器使用 VGA 接口，后来有 DVI 接口，新型显示器采用了 HDMI 接口（图2-3）。DP 接口是 DVI 的升级版，现在最为常见的主要有 Display Port 接口和苹果开发的 miniDP 接口。以上是外接显示器的接口，平板电脑屏幕内嵌到主机上，不使用这些接口。

平板电脑及一些设备采用嵌入式的显示屏幕，使用时采用触摸方式操作。当触摸点偏移时，可以通过操作系统进行校准。

二、打印机

打印机可以将计算机内的图像由电子的转变为纸质的。保存图像可以采用纸质方式，同时纸质图像容易应用于文档材料。

打印机有黑白和彩色两类，可根据需要进行选择。

根据打印机的耗材可以分为喷墨打印机、激光打印机等。前者价格比较便宜，但是必须经常使用，否则墨水容易干燥，堵住喷口。激光打印机对纸张要求不高，用普通纸打印照片也能获得较好的效果。

打印机连接计算机有多种方式，接口类型有并口、USB 接口、网络 RJ45 接口、无线 Wi-Fi 接口等。

图2-3　显示器接口
（1. VGA 接口；2. DVI-D 接口；3. DVI-I 接口；4. HDMI 接口）（娄定风/摄）

第三节　数字图像相关软件

一、屏幕分辨率的调节

Windows 操作系统的图形界面可以进行设置。一般在桌面按鼠标右键，在菜单中选取"屏幕分辨率"，可以打开设置窗口（图 2-4）。使用触摸屏的设备，如平板电脑，需要用手指在屏幕上多按一会，才出现菜单。在设置窗口中选取屏幕分辨率菜单中所需的分辨率，再点击"确定"按钮，即可设定计算机显示的分辨率。部分软件能够自适应屏幕的分辨率，屏幕分辨率变化时仍能保持软件的界面；有些软件则需要特定的屏幕分辨率，一旦分辨率变化，软件界面就会过小或过大。

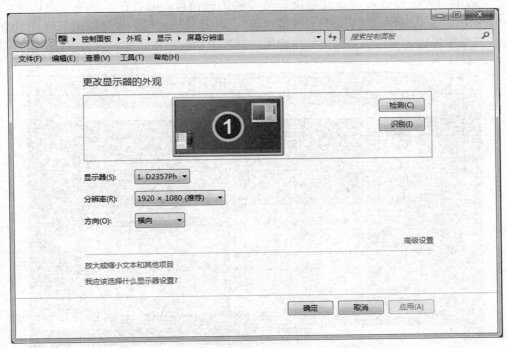

图 2-4　屏幕分辨率设置窗口　（娄定风/摄）

二、看图软件

Windows 系统自带"照片查看器"等看图软件，并与文件扩展名进行了关联。在资源管理器中双击一个图像文件，关联的看图软件就会自动打开这个图像。其他打开图像的软件可以先打开软件，再选取图像文件打开观看。

三、图像编辑软件

使用计算机上 Windows 的"画图"软件即可进行图像编辑。著名的 Photoshop 也是专业的图像编辑软件。

常用的图像编辑方法有：

① 裁切和涂抹。将不需要的图像部分去掉。

② 拼接。经两个图像拼在一起，或将一幅图覆盖在另一幅图上。

③ 绘图。在已有的图上或空白底上绘制线条或图形。

④ 填字。在图上某个位置打字上去。

⑤ 旋转。将图旋转一个角度。

通过图像编辑，可将图像修改为符合理想的状态。

四、屏幕截图

对于计算机屏幕显示的图像，可以按键盘上的 Print Screen 键后，打开图像编辑软件，再粘贴出来屏幕截图。有些软件也可以截取屏幕图像。对于平板电脑，在程序菜单中选取截屏软件，或者打开屏幕键盘（在键盘设置时设成扩展键盘，或者在开始菜单中选择"Windows 轻松使用"—"屏幕键盘"，打开屏幕键盘），点击 PrtScn 键，也可以截取屏幕图像（图2-5）。截取图像后，要在画图之类的图像编辑软件上粘贴出来，然后命名保存。

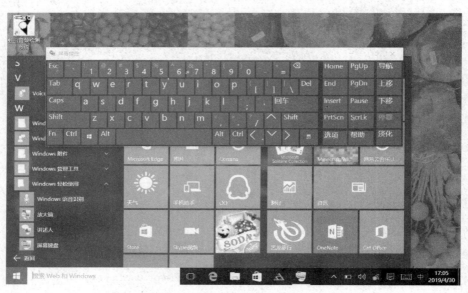

图 2-5 打开屏幕键盘 （娄定风/摄）

声检测设备的软件具有截屏按钮，可以直接截取屏幕显示的内容，并自动命名保存下来。在发现具有虫声特征的图像时，截屏功能对于保留证据很有帮助。

钻蛀性昆虫相关知识

第一节　钻蛀性昆虫的生物学

本书中钻蛀性昆虫（简称蛀虫）是指蛀入植物及其产品内，或蛀入动物产品内，取食动植物组织或其衍生物（如菌类）的昆虫。仓库害虫中有些种类虽然从储藏物表面开始取食，但因为寄主一般处于堆积状态，此类虫实际上也进入储藏物的内部，因此也可视为在寄主内部取食而归入钻蛀性昆虫一类。一些昆虫在植物或动物组织自然产生或由其他生物先期钻蛀产生的孔洞裂隙中生活，但不取食这些组织及衍生物，而是捕食存在于其中的其他生物，并非自主蛀洞进入，即使在声检测时也可以检出它们发出的声音，这类昆虫也不列作钻蛀性昆虫。

一、生活史与食性

昆虫从卵发育到成虫过程中所经历的一系列内部构造和外部形态的阶段性变化称为变态。生长过程中经历卵、幼虫、蛹和成虫4个阶段的称为完全变态，完全变态的昆虫其幼虫与成虫变化十分显著，比如只会爬行的毛虫与会飞的蝴蝶之间存在很大的差距。生长过程中只经历卵、若虫和成虫3个阶段的称为不完全变态，不完全变态昆虫的成虫与若虫之间差异比较小，常常可以"见幼知老"。在主要蛀虫类群中，只有白蚁类为不完全变态，其余各目蛀虫皆为完全变态。

从卵到成虫产卵的生活周期称为一个世代。钻蛀性昆虫可分为多年一代、一年一代和一年多代3种类型。正确认识蛀虫的世代性对检疫和防治很有帮助。一些蛀虫专门蛀食特定植物的种子或果实，且发育周期较长，因此只能随着植物果实的生长一年一代，比如芒果果实象。一些蛀虫体型较大，因此需要在寄主内生长多年才能完成发育，比如云斑白条天牛，常常需要3年才能完成卵到成虫的发育。另有一些蛀虫体型较小，发育迅速，一年可完成多个世代，比如四纹豆象（*Callosobruchus maculatus*），在广东一年可发生10～11代（张生芳等，1998）。还有很多蛀虫，其世代数随着所生活的地区纬度变化而世代不定，比如苹果蠹蛾在北欧一年一代，而在我国新疆为一年2～3代，在美国为2～4代（陈乃中，2009）。白蚁类为社会性昆虫，终生在寄主内危害，直至寄主已不适宜生活。由于其蚁后连续产卵孵化成若虫发育，因此已不能用普通的世代数对其进行描述。另外，一些皮蠹类，如谷斑皮蠹幼虫，在环境适合、食物充足时可一年多代，而在环境不适合或食物缺乏时则进入滞育状态，至条件适合时再重新危害，从而使生活史从一年多代变为多年一代。

当遇到不利环境因素出现时，蛀虫生长发育暂时停止，称为休眠。如果环境条件恢复正常，蛀虫将复苏并继续生长发育。环境因素主要有温度和湿度。夏季温度高，蛴螬会夏眠。冷藏水果中的蛀虫在低温下活动会减少。

昆虫在长期的生存中对环境的变化会发生有预期的生长发育暂时性停止，称为滞育。进入滞育期的昆虫在恢复正常环境时也不会复苏。引起滞育的因素有温度、光照和食物。冬季遇到暖冬时，很多蛀虫依旧不动不食。

蛀虫按其食性可分为植食性、菌食性及肉食性。植食性占绝大多数，有一些鞘翅目昆虫，如小蠹和长小蠹类幼虫依靠母洞内种植的菌类为食；另一些昆虫主要蛀食动物性产品如皮革、标本等，比如常取食鱼干的白腹皮蠹。按取食范围可分为多食性、寡食性和单食性。多食性的种类多是一些菌食性小蠹，如赤材小蠹，可取食十多个科上百种植物；寡食性种类常只取食同一科内的一些植物，如豆象类；而单食性昆虫只取食某些特定的植物，如桃红颈天牛、稻三化螟等（稽保中等，2011）。昆虫每个种取食的寄主种类相对固定，称为寄主范围。

不仅是寄主范围，钻蛀性昆虫为害的寄主部位也不同。钻蛀性昆虫各个类群为害部位见表3-1，其中活的植物按部位列出：根、茎、叶、花（花蕾）、果、种子，芽是茎叶的初始形态，单独列出；树木等砍伐后作为木竹材列作一项；树木倒伏腐朽后列作朽木；储藏的植物产品（粮食、豆类、干果、中药材等）列作储藏物；动物产品包括皮张、毛织品、标本等。有些昆虫类群只为害一个部位，如榕小蜂科只为害无花果属的果实；有些则为害多个部位，如象甲科为害多个部位。同样，钻蛀性昆虫具体的种也有只为害一个部位和为害多个部位之分。

表 3-1 钻蛀寄主不同部位的昆虫类群

寄主部位	为 害 类 群
根	等翅目，锹甲科，犀金龟科，隐唇叩甲科，吉丁虫科，三锥象科（蚁象甲科），天牛科，象甲科，潜蝇科，花蝇科，茎蝇科，木蠹蛾科，卷蛾科（细蛾科），夜蛾科，辉蛾科
茎	等翅目，犀金龟科，吉丁虫科，叩甲科，长蠹科，三栉牛科，花蚤科，距甲科，天牛科（沟胫天牛科），负泥虫科，叶甲科，长角象科，象甲科，长小蠹科，小蠹科，瘿蚊科，潜蝇科，花蝇科，茎蝇科，蝙蝠蛾科，谷蛾科，茎潜蛾科，细蛾科，巢蛾科，雕蛾科，织蛾科，木蛾科，小潜蛾科，麦蛾科，木蠹蛾科（豹蠹蛾科），伪蠹蛾科，卷蛾科，蝶蛾科，透翅蛾科，蛀果蛾科，翼蛾科，羽蛾科，网蛾科，螟蛾科，夜蛾科，华蛾科，辉蛾科，三节叶蜂科，叶蜂科，梨茎叶蜂科，树蜂科，长颈树蜂科，杉蜂科，茎蜂科，蜜蜂科（木蜂科）
朽木	等翅目，锹甲科，黑蜣科，犀金龟科，毛泥甲科，叩甲科，隐唇叩甲科，粉蠹科，扁甲科（扁谷盗科），拟天牛科，缩腿甲科，长朽木甲科，盘胸甲科，花蚤科
木竹材	等翅目，窃蠹科，长蠹科，粉蠹科，筒蠹科，锯谷盗科，拟天牛科，天牛科（沟胫天牛科），长小蠹科，小蠹科，蜜蜂科（木蜂科）
芽	巢蛾科，尖蛾科，麦蛾科，斑蛾科，邻蛾科，翼蛾科，夜蛾科，象甲科

（续）

寄主部位	为 害 类 群
叶	花甲科，距甲科，叶甲科，铁甲科，象甲科，瘿蚊科，潜蝇科，水蝇科，杆蝇科，异蛾科，毛顶蛾科，日蛾科，穿孔蛾科，微蛾科，茎潜蛾科，冠潜蛾科，细蛾科（桔潜蛾科），银蛾科，巢蛾科，卷蛾科，菜蛾科，潜蛾科，雕蛾科，织蛾科，绢蛾科，尖蛾科，麦蛾科，鞘蛾科，木蛾科，蛀果蛾科，邻蛾科，翼蛾科，三节叶蜂科
花	象甲科，茎潜蛾科，卷蛾科（细卷蛾科），斑蛾科，翼蛾科，羽蛾科
果	长角象科，卷象科，象甲科，瘿蚊科，实蝇科，颚蛾科，细蛾科，巢蛾科，举肢蛾科，麦蛾科，卷蛾科（小卷蛾科，细卷蛾科），蛀果蛾科，邻蛾科，羽蛾科，螟蛾科，夜蛾科，灰蝶科，叶蜂科，松叶蜂科，榕小蜂科
种子	负泥虫科（豆象科），长角象科，象甲科，花蝇科，颚蛾科，丝兰蛾科，雕蛾科，麦蛾科，卷蛾科，细卷蛾科，邻蛾科，翼蛾科，螟蛾科，广肩小蜂科，长尾小蜂科
菌类	隐食甲科，大蕈甲科，木蕈甲科，小蕈甲科，眼菌蚊科
储藏物	皮蠹科，窃蠹科，蛛甲科，长蠹科，谷盗科，郭公虫科，露尾甲科，扁甲科（扁谷盗科），锯谷盗科，隐食甲科，拟叩甲科，薪甲科，拟步甲科，小蕈甲科，负泥虫科（豆象科），长小蠹科，谷蛾科，螟蛾科（蜡螟科）
动物产品	窃蠹科，皮蠹科，蛛甲科，郭公虫科，谷蛾科

钻蛀性昆虫在钻蛀期间，常常需要强有力的口器攫取食物，因此，钻蛀期虫态大多具备咀嚼式口器，如鞘翅目幼虫和成虫、鳞翅目幼虫等。双翅目幼虫常常钻蛀于较柔软的寄主组织内，刮吸式口器能助其完成蛀食。

二、生殖和产卵方式

蛀虫主要分布在等翅目、鞘翅目、鳞翅目、双翅目和膜翅目之中。其中除了等翅目为较低等昆虫外，其余各目皆为较高等昆虫。生殖方式主要以两性生殖方式为主，即雌雄两性进行交配，然后产卵繁殖下一代。但部分种类或营孤雌生殖，即只有雌性不经交配即可产卵繁殖，比如水稻象甲中存在可不经交配繁殖的孤雌生殖生理型（李云瑞，2002）。

蛀虫的产卵方式多样，有的仅在寄主表面产卵，孵化出的幼虫自主蛀入寄主取食，如豆象（图3-1）、米象、桃蛀螟等即为此类；有的会由成虫在寄主表面刺破形成伤口，产卵于伤口中，幼虫孵化后从伤口蛀入，如天牛等林木害虫；有的有发达的产卵器，直接将卵产于寄主内部，幼虫孵化后即可直接取食，如实蝇等水果害虫；有的由成虫钻孔进入到寄主内部，然后在寄主内部产卵，孵化出的幼虫从寄主内部再重新一边钻蛀一边取食，如小蠹和长小蠹等树木害虫；而白蚁类取食比较特殊，其由蚁后进入寄主内部产卵，孵化出下一代工蚁、兵蚁后，终生多代在寄主内部取食生活。

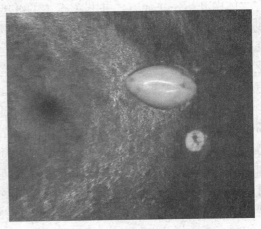

图3-1　产于红豆表面的四纹豆象卵（椭圆形，白色）（娄定风/摄）

三、幼虫生长和脱皮

昆虫幼虫自卵中孵化后，即自行取食进行生长发育。由于昆虫幼虫体壁的主要成分为几丁质，不能随其身体一起生长，因此每隔一定时期，幼虫会蜕一次皮。一般将初孵幼虫视为一龄幼虫，每蜕一次皮则增加一龄。在稳定的环境条件下，从初孵幼虫到化蛹之间的蜕皮次数在同种昆虫中基本稳定不变，称为昆虫的龄。由于幼虫的头壳相对坚硬固定，一般可采取测量幼虫头壳宽度的方法来识别幼虫的龄期，幼虫每增加一龄，头壳宽度约增加 1.4 倍。处于最后一龄的幼虫称为老熟幼虫，老熟幼虫的特征相对稳定，可以用来鉴别一些昆虫种类，比如谷斑皮蠹。各种昆虫从初孵幼虫到老熟幼虫经历的龄期有所不同，如蚕一生蜕皮 4 次，而蝗虫为 5 次，黄粉虫则多达 10～16 次（蔡邦华等，2017）。

由于习惯于钻蛀性生活，蛀虫类的幼虫形态大多比较特殊。天牛、吉丁、豆象、象甲和小蠹等的幼虫足会严重退化，幼虫在寄主体内主要靠身体皱褶突起辅助作用沿蛀洞行走，而生活在水果中的实蝇类幼虫甚至头部也会退化，主要靠身体的蠕动和弹跳来移动，这类幼虫一般称为无足型幼虫。叶甲和金龟子幼虫一般仅余胸足，腹足严重退化，此类幼虫称为寡足型幼虫。叶蜂和蛾类的幼虫胸足正常，腹部也有腹足，此类幼虫称为多足型幼虫。

四、化蛹与羽化

除了白蚁外，其余蛀虫皆为完全变态，即从卵到成虫过程中有一个蛹期。

幼虫进入蛹期称为化蛹。绝大多数昆虫的蛹无法行动（但可以自主在原地蠕动），也无须取食。由于蛹期的不可移动性，因此，这个阶段的昆虫极易受到伤害。对于蛀虫来说，老熟幼虫在化蛹前需要寻找一个安全的化蛹场所。一般可按其化蛹地点与幼虫取食地点分为原位蛹型与移位蛹型。大部分鞘翅目蛀虫喜欢在幼虫原来生活的地方化蛹，如小蠹、天牛、吉丁等。钻蛀性象甲类，如褐纹甘蔗象，会在寄主体内开拓一块地方，并利用寄主的纤维做成一个蛹室，然后进入其中化蛹，这样可以保证在蛹期尽可能减少外界捕食者的伤害，这种化蛹方式可称为原位蛹型，一些天牛也有这种习性（图3-2）。双翅目的蛀虫，如橘小实蝇，老熟幼虫一般会离开原来的寄主，在寄主周围的土壤中化蛹，这类化蛹方式可称为移位蛹型。根据蛀虫所化蛹的形态可分为被蛹、离蛹和围蛹。被蛹是指幼虫身上的足等附肢紧贴在身体上，不能自由活动，如蛾子和蝴蝶的蛹；而离蛹的这些附肢可以自由活动，如天牛的蛹；围蛹实际上也是一种离蛹，只是最后一龄的蜕皮仍旧围在蛹体上，形成一个外壳，如蝇类的蛹（李孟楼，2002）。

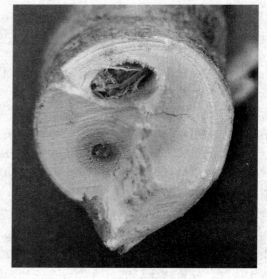

图3-2　天牛在蛀道建立蛹室，用木丝堵口　（娄定风/摄）

蛀虫完成蛹期变成成虫的过程称为羽化。羽化位置有三处：寄主内、蛀孔处和寄主外。鞘翅目蛀虫的成虫具咀嚼式口器，羽化后容易咬破寄主表皮爬出，一般在寄主内羽化；鳞翅目蛹蠕动到预先准备好的羽化孔处羽化，蛹壳留在孔口处；双翅目幼虫常爬到寄主外化蛹和羽化。

五、成虫形态和习性

成虫除了在内外部生殖器官上有区别外，在其他外形结构上也常常存在一些差异，这种差异称为性二型现象。性二型现象一般只在成虫期才会表现，幼虫期难以在外形上进行区分。雌雄在外形上的区别常常表现在个体大小、颜色差异、触角的形态以及其他特征方面。

天牛类的性二型现象主要表现在触角长短上，一般情况下，雄性触角明显要长于雌性，比如合欢双条天牛（*Xystrocera globosa*）；长小蠹类的一些种类，其雄性鞘翅斜面会有各种特化结构，并成为种间区别的重要特征，比如中对长小蠹雄虫鞘翅斜面上形成一个下压沟槽，而雌虫则仍为正常的圆弧形；一些小蠹的雌雄差异更加离谱，比如赤材小蠹的雄虫，头部形成桃子状，不了解它的人会将其误认为是另外一种昆虫；豆象类的触角结构则在雌雄间区别明显，比如绿豆象（*Callosobruchus chinensis*）雄虫触角显著栉状，而雌虫则要弱得多；钻孔奸狡长蠹的雄虫更加硕大，且鞘翅上的刻纹粗大光亮，而雌虫体型要小得多，鞘翅上刻纹细小而暗淡。

多型现象是指在一种昆虫的同一虫态中有多种类型的现象，目前主要指社会性昆虫种群内部的分化情况。比如蛀虫中的白蚁，其为典型的社会性昆虫。在常见的台湾乳白蚁同巢个体中，有上颚粗短的工蚁，专司觅食及建巢；有上颚刀状的兵蚁，专司守卫工作；而体型肥大的蚁后专司产卵，在蚁巢成熟后，定期会产生带有翅膀的雌雄繁殖蚁，繁殖蚁则会飞出巢外另建新巢，从而建立新的种群。

不同种类的成虫羽化后，性器官发育成熟的时间不同，有些需要在羽化后继续取食才能性成熟，这种方式称为"补充营养"，如天牛。

成虫羽化到产卵之前的时期为产卵前期，产卵开始到结束期间为产卵期，产卵结束到成虫死亡期间为产卵后期。防治成虫应在产卵前期。

有些蛀虫受到惊吓后会装死，这种现象称为假死，如象甲、叶甲、金龟子等。假死现象多出现在成虫期。

光、温度、气味对一些种类的成虫有吸引或排斥的现象，称为趋性。利用趋性，可以诱捕昆虫；使用昆虫不喜欢的气味，可以驱避昆虫。

第二节　钻蛀性昆虫的类群

生物分类是依据目前地球上已知的生物之间的相似程度和进化上的亲缘关系而划分的一个从高级到具体的归类系统。目前常用的分类单元从大类至小类分别为界、门、纲、目、科、属和种等层级。昆虫属于动物界（Animalia）、节肢动物门（Arthropoda）、昆虫纲（Insecta）的生物。昆虫鉴定是找到某个昆虫在分类系统中的位置，一般主要是根据形态来确定，辅助以地理分布、基因序列等方法。本书分类系统主要依据《昆虫分类》（郑乐怡等，1999）中的分类系统，并参考相关科的特征描述。钻蛀性昆虫所属各目及科的描述如下。

一、等翅目（Isoptera）

等翅目昆虫通称白蚁，营社会性生活，其群体内部可分为蚁后、蚁王、工蚁和兵蚁，在成熟的巢穴中会出现生有翅膀的婚飞雌蚁和雄蚁。白蚁头部可以自由转动，取食器官为典型的咀嚼式口器，前口式；有翅成虫的中、后胸各生一对狭长的膜质翅，翅上有网状翅脉；前、后翅的形状和大小几乎相同，等翅目的名称由此而来。腹部 10 节，雄虫生殖孔开口于第 9 与第 10 腹板间；雌虫第 7 腹板增大，生殖孔开口于下，第 8 和第 9 腹板则缩小，多数种类有一对简单的刺突，位于第 9 腹板中缘，第 10 腹板两侧生有一对尾须。白蚁为渐变态、多型性社会性昆虫，按栖性可分 3 类：木栖性白蚁在木材或树干中蛀成不规则的隧道，在木材中筑巢，与土壤基本上没有直接联系，典型的类群有树白蚁属（*Glyptotermes* spp.）、新白蚁属（*Neotermes* spp.）和木白蚁属（*Kalotermes* spp.）；土栖性白蚁依土筑巢，专门在地下活动，或虽能在地面活动，但仍与地下蚁巢有密切联系，对植物也有危害，典型的种类如黑翅土白蚁（*Odontotermes formosanus*）和黄翅大白蚁（*Macrotermes barneyi*）；土木两栖性白蚁可在土中筑巢，也可在木材中筑巢，巢位可在地下，也可在地上，典型的种类为乳白蚁属（*Coptotermes* spp.）和散白蚁属（*Reticulitermes* spp.）（黄复生等，2000）。

1. 木白蚁科（Kalotermitidae）

本科白蚁主要在木材中筑巢，蚁巢不与土壤相通，不少种类可以生活于干木材中，因此又称"干木白蚁"。其代表种为麻头堆砂白蚁（*Cryptotermes brevis* Walker）。

2. 鼻白蚁科（Rhinotermitidae）

本科白蚁适应性强，其中散白蚁向北可以分布到我国辽宁一带地区。危害性比较强的为其中的散白蚁和乳白蚁属种类。这两类白蚁不仅可以随砍伐的木材远距离传播，而且可以在木质建筑或建筑中的木质部分内筑巢生存，对建筑物破坏极大。其代表种为曲颚乳白蚁（大家白蚁）（*Coptotermes curvignathus* Holmgren）主要蛀食树木、木材及木制品，为我国进境植物检疫性昆虫（图 3-3，见彩插 3）。

图 3-3（彩插 3）　曲颚乳白蚁兵蚁背面观
（王新国/摄）

3. 白蚁科（Termitidae）

白蚁科是包含白蚁种类最多的一个科，属土栖性白蚁，不会直接在木材或木质建筑内生存。其中最为常见的为土白蚁和大白蚁。黑翅土白蚁为我国最为常见的白蚁，常常在江河堤坝上筑巢，有时会筑成超级大穴，洞穿堤坝两边，严重破坏河堤的防洪功能，威胁沿河沿江两岸人民的安全。成语"千里之堤，溃于蚁穴"中的"蚁"指的就是这种白蚁，一般人常会误认为是指蚂蚁。黄翅大白蚁是南方森林中常见的白蚁，常会在腐木中取食，或是蛀食树木基部。其代表种为黑翅土白蚁（*Odontotermes formosanus* Shiraki）（图 3-4，见彩插 4）。

图 3-4（彩插 4）　黑翅土白蚁有翅成虫
（王新国/摄）

二、鞘翅目 Coleoptera

鞘翅目昆虫俗称甲虫，这类昆虫前翅角质化、坚硬、无翅脉，称为"鞘翅"，因此而得名。甲虫的前翅硬化后，在生活时主要起保护作用，在飞行中起平衡作用；后翅膜质起飞行作用。其体壁坚硬；口器咀嚼式；触角形状多样，一般 10~11 节；前胸发达，中胸小盾片外露。甲虫幼虫多为寡足型，少数为无足型。鞘翅目为昆虫纲中最大的目，目前已知其种类超过 30 万种，足迹遍布森林、陆地和水体，生活方式多种多样（郑乐怡等，1999）。

1. 黑蜣科（Passalidae）

体较狭长扁圆，鞘翅背面常较平，全体黑而亮；头部前口式，头背面多出现突起及凹坑；有多个突起，上唇显著，上颚有 1 枚可活动的小齿，下唇颏深凹缺，下颚外颚叶钩状；触角 10 节，常弯曲不呈肘形，末端 3~6 节栉形；前胸背板大，小盾片不见；鞘翅有明显纵沟线。腹部背面全为鞘翅覆盖，腹节不外露。成虫、幼虫均以腐木为食。

成虫与幼虫以发出人类听得见的声音来联络，成虫以翅与腹部的粗斑摩擦而发声，幼虫以退化的后足与中足摩擦而发声。

代表种：额角黑蜣（*Ceracupes fronticornis* Westwood）（图 3-5，见彩插 5）。

图 3-5（彩插 5）　额角黑蜣成虫背面图
（王新国/摄）

2. 锹甲科（Lucanidae）

体中型至特大型，多大型种类；长椭圆形或卵圆形，背腹颇扁圆；体色多棕褐、黑褐至黑色，或有棕红、黄褐色等色斑，有些种类有金属光泽，通常体表不被毛；头前口式，性二态现象十分显著，雄虫头部大，上颚异常发达，多呈长角状，同种雄性个体也因发育程度不同，大小、形态差异甚为显著；唇基形式多样；复眼通常不大，有时刺突伸达眼之后缘而分眼为上下两部分；触角肘状，10 节，鳃片部 3~6 节，多数为 3~4 节，呈栉状；前胸背板横大于长。小盾片发达显著；鞘翅发达，盖住腹端，纵肋纹常不显或不见；腹部可见 5 个腹板；中足基节明显分开，跗节 5 节，爪成对简单。成虫食叶、食液、食蜜。多夜出活动，有趋光性，也有白天活动的种类。幼虫蛴螬型，但体节背面无皱纹，肛门 3 裂状。栖食于树桩及其根部。

代表种：中华奥锹甲（*Odontolabis cuvera* Hope），幼虫取食朽木（图 3-6，见彩插 6）。

图 3-6（彩插 6）　中华奥锹甲成虫背面图
（王新国/摄）

3. 犀金龟科（独角仙科）（Dynastidae）

为特征鲜明的类群，上颚多少外露而于背面可见，上唇为唇基覆盖；触角 10 节，鳃片部 3 节组成；前胸腹板于基节之间生出柱形、三角形、舌形等瘤突。多大型至特大型种类，性二态现象在许多属中显著，其雄虫头面、前胸背板有强大角突或其他突起或凹坑，雌虫则简单或可见低矮突起。成虫植食，幼虫多腐食，或在地下危害作物、林木之根。在我国，其种类虽少，但有多个重要地下害虫种类，经济意义重大。

代表种：双叉犀金龟（*Trypoxylus dichotomus* L.），幼虫蛀食树干，形成孔道（图3-7，见彩插7）。

4. 毛泥甲科（Ptilodactylidae）

体长4～6 mm；体色黑、黄褐等。体背具密集的绒毛；头部较突出，复眼发达，触角11节，稍呈锯齿状，长度一般达鞘翅中部，前胸背板近似半圆形；鞘翅长，具纵刻线；跗式5-5-5，第3节双叶状，第4节较小；腹部可见5节。幼虫触角3节，上颚具臼叶，下颚具发达的关节区；前胸略大，腹部第10节位于第9节之下，末端具2节小突起。成虫生活于水边的杂草中，幼虫水生或发现于朽木中。

图3-7（彩插7） 双叉犀金龟成虫背面观
（王新国/摄）

5. 吉丁虫科（Buprestidae）

体长1.5～60 mm；多数种类体色鲜艳，部分种类具金属光泽；头部较小向下弯折；触角11节，多为短锯齿状；前胸与腹部相接紧密，不可活动；前胸腹板发达，端部达及中足基节间；后胸腹板具横缝；鞘翅长，到端部逐渐收狭；足细长；前、中足基节球形，后足基节板状；跗式5-5-5，第4节双叶状；腹部可见5节，第1和第2节一般愈合。幼虫体扁，前胸膨大；头小，无单眼；触角3节；上颚无臼叶，胸足退化。成虫喜阳光，白天活动，在树枝的向阳部分易发现，幼虫在树木中钻孔为害，属钻蛀性昆虫。

代表种：日本松脊吉丁（*Chalcophora japonica* Gory），为我国南方松树上常见吉丁虫，为吉丁虫中的大块头，幼虫可以蛀食松树木质部（图3-8，见彩插8）。

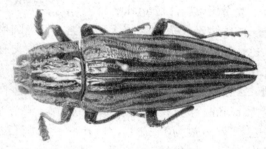

图3-8（彩插8） 日本松脊吉丁成虫背面观
（王新国/摄）

6. 叩甲科（Elateridae）

体形多狭长，小型至大型，体壮硕，体色多灰暗，体表多被细毛或鳞片状毛，组成不同的花斑或条纹，也有体色艳丽、光亮无毛的；头型多为前口式，深嵌入前胸；上唇显露，唇基不明显，触角着生在额脊下，靠近复眼，11～12节，锯齿状、丝状、栉齿状，有的雌雄异形，雄虫锯齿状，雌虫丝状；前胸背板向后倾斜，与中胸连接不紧密，其后角尖锐；前胸腹板前缘具半圆形叶片向前突出，腹后突尖锐，插入中胸腹板的凹窝中，形成弹跳和叩头关节；后胸腹板中央无横缝；足较短，活动自如，前足基节球形，基节窝向后开放，中足基节较靠近，后足基节横阔；跗式5-5-5，跗节简单狭长；腹部可见腹板5节，第1腹板与后胸腹板处于同一平面上，与第2腹板间的界限完全清楚，第4与第5腹板间具膜质部。幼虫通称金针虫、铁线虫，是主要的地下害虫，为害多种农作物、林木、果树、牧草和中药材。有一些种类生活于朽木、树皮下或钻蛀树干，也有捕食性种类是螨类害虫的天敌。

代表种：松丽叩甲（*Campsosternus auratus* Drury），幼虫钻蛀松树干部（图 3-9，见彩插 9）。

图 3-9（彩插 9） 松丽叩甲背面观
（王新国/摄）

7. 隐唇叩甲科（Eucnemidae）

与叩甲科近似，但体形较短壮，背面光裸无毛，腹部可见第 4、第 5 腹板间缺膜质部；唇基向前扩攻，上唇隐藏，易于区别。额区狭窄；触角着生于复眼内侧，与眼稍离开，触角窝上方无横脊；触角丝状、锯齿状、栉齿状；前胸背板后角尖锐、突出，前胸腹板突平，端部不弯曲，前足基节完全位于前胸腹板中，前胸侧片常有沟槽收纳触角；足较短，活动自如，后足基节横阔形成腿盖，盖于腿节上，且有短形转节，跗节 5 节，扁平或附有膜质叶片，爪具齿或栉齿。幼虫似金针虫，为害植物根部，也有生活于朽木树皮下，成虫有聚集植物花间的习性，一般不能跳跃。

8. 皮蠹科（Dermestidae）

体长 1~8 mm；卵圆或长椭圆形；红褐色或黑褐色，被鳞片及细绒毛；头下弯，复眼突出；除皮蠹属（*Dermestes*）外，具中单眼；触角 10~11 节，棒状或球杆状；前胸背板腹侧具凹槽可纳入触角；鞘翅常由不同颜色的毛和鳞片组成斑纹；前足基节窝开放，胫端有距；跗式 5-5-5；腹部可见 5 节。幼虫头部具 3~6 对侧单眼；上颚具明显的臼齿；触角 3 节；第 9 腹板端部有 1 对小突起。本科种类为仓库害虫，为害皮毛、毛织品、标本、粮食等仓储物。部分种类如斑皮蠹属（非中国种）对仓储粮危害十分严重，因此我国将其列为进境植物检疫性有害生物。

代表种：黑斑皮蠹（*Trogoderma glabrum* Herbst），可严重危害多种植物型产品，如小麦、大麦等，为我国进境植物检疫性昆虫（图 3-10，见彩插 10）。

图 3-10（彩插 10） 黑斑皮蠹成虫
（王新国/摄）

9. 窃蠹科（Anobiidae）

体长 2~6 mm；红或黑褐色；卵圆形，体表具半竖立毛；头部被前胸背板覆盖；触角 9~11 节，端部 3 节明显膨大；上颚短宽，三角形；上唇明显，但非常小；前胸背板前端圆，后缘弧形相连；鞘翅具明显的纵纹；足细长，前足基节窝开放，基前转片外露，后足基节横宽，具沟槽，可纳入腿节；跗式 5-5-5；腹部可见 5 节。幼虫蛴螬型，触角 2 节，腹部各节背面具横的小刺带。

代表种：烟草甲（*Lasioderma serricorne* Fabricius），幼虫可蛀入烟草、中药材、实验室标本等内为害（图 3-11，见彩插 11）。

图 3-11（彩插 11） 烟草甲成虫侧面观
（王新国/摄）

10. 蛛甲科（Ptinidae）

小型昆虫，体长 2～5 mm，长卵圆形或卵圆形，背方隆起；头下弯，大部分隐于前胸背板之下；触角丝状，多数 11 节，极少数种类少至 2～3 节；前胸背板宽大于或等于头宽，有的种类在近基部缢缩；小盾片明显退化；鞘翅远较前胸宽，端部圆，遮盖腹部；腹部有 5 节可见腹板，少数种类减少到 3～4 节；足细长，前足基节窝开放；腿节细长，端部膨大；跗式 5－5－5。成虫、幼虫取食多种动物和植物性物质，部分种类生活于家庭居室和仓库内，也有的生活于鸟、兽的巢穴中。

图 3-12（彩插 12） 澳洲蛛甲成虫背面观
（王新国/摄）

代表种：澳洲蛛甲（*Ptinus tectus* Boieldieu），幼虫取食小麦、鱼粉等，为我国进境植物检疫性昆虫（图 3-12，见彩插 12）。

11. 长蠹科（Bostrychidae）

体长 3～20 mm；体表强烈骨化，黑或黑褐色；头被前胸腹板遮盖；触角 8～10 节，端部 3～4 节呈棒状；上唇明显，细小；前胸背板端部隆突，如帽子形状，表面多有颗粒突起或钩状突起物；鞘翅端部有翅坡和刺突；前胸腹板短，前足基节窝开放，基前转片隐藏；中足基节相距很近；后足基节横长，三角形；跗式 5－5－5，第 1 节极小；腹部可见 5 节，第 1 腹板长。幼虫蛴螬型，头小，缺单眼；触角 3 节；下颚具合颚叶。成虫主要钻蛀木材和竹子，幼虫也在木、竹中蛀食；有部分种类如谷蠹、大谷蠹等可为害粮食等。

图 3-13（彩插 13） 双棘长蠹成虫侧面观
（王新国/摄）

代表种：双棘长蠹（*Sinoxylon anale* Lesne.），广泛分布于全世界的热带和亚热带地区，危害多种阔叶树木。双棘长蠹属（非中国种）为我国进境植物检疫性昆虫（图 3-13，见彩插 13）。

12. 粉蠹科（Lyctidae）

体长 2～8 mm，多为黄褐、红褐色种类。头显露，触角 11 节，端部 2 节成球杆状；上唇、唇基明显；前胸背板近似方形，中部或两侧多有凹洼，鞘翅两侧平行，表面多具纵刻行；前足基节窝关闭，基前转片隐藏；后足基节横长，分离较远；腹部可见 5 节，第 1 节长形。幼虫蛴螬型；头小，触角 3 节；下颚具合颚叶；下唇须 1 节；前胸腹板宽大，足 3 节；第 8 节气门明显大于其余各节气门。为害枯木、建房用材、木质用品等，也为害阔叶树种新伐木。

代表种：褐粉蠹（*Lyctus brunneus* Stepheus），为害枯木、建房用材、木制用品等，幼虫多发现于干木材中。

13. 筒蠹科（Lymexylidae）

体细长，圆形、柔软；头小，复眼极为发达；雄虫下颚须扇形；触角 11 节，锯齿状、丝状或纺锤形；前胸背板长大于宽，方形；鞘翅分为长翅和短翅型，长翅型可盖住腹端，短翅型其鞘翅约与前胸背板等长，后翅发达，但不及腹端，也不折叠；前中足基节大，圆锥形；前足基节窝开放；跗式 5-5-5，等于或长于胫节；腹部可见 5～8 节。幼虫头小，上颚具齿叶；下颚内外颚叶分离明显；前胸背板隆突，并向前伸；第 9 腹节大，端部具 1 对骨化的钩或凹陷成 U 形，两侧具毛列；足 5 节，具爪。筒蠹为鞘翅目一个小类群，全世界已知仅 50 种左右。其以成虫在树木上钻孔，幼虫蛀入后以隧道中的真菌为食。有些种类可以危害船上木质结构，因此被称为"船木甲虫"。成虫多不取食（王新国等，2008）。

代表种：短角短鞘筒蠹（*Atractocerus brevicornis* L.），成虫、幼虫均菌食，幼虫可入坚木，为害木材（图 3-14，见彩插 14）。

图 3-14（彩插 14）　短角短鞘筒蠹成虫背面观
（王新国/摄）

14. 谷盗科（Trogossitidae）

体小至中型；卵圆或长椭圆形，身体宽扁；体黄褐或深褐色；头显露，触角 10～11 节，端部 1～3 节膨大；前胸背板具锐利的侧缘；基缘及侧缘相连；鞘翅表面多粗糙或具纵脊或纵沟纹；前足基节横形，跗式 5-5-5，第 1 节多细小，具爪垫；腹部可见 5 节，少有 6 节。幼虫头大，胸部较腹部小；触角 3 节，足 4 节，具跗爪节；腹部第 9 背板横分为二，具尾突。

代表种：大谷盗（*Tenebroides mauritanicus* Linnaeus），成虫为仓库害虫，幼虫具捕食性，多栖于树皮下、菌物及谷物等之间（图 3-15，见彩插 15）。

图 3-15（彩插 15）　大谷盗成虫背面观
（王新国/摄）

15. 郭公虫科 Cleridae

小型或中型甲虫，体长 3～24 mm。触角 8～11 节，多数 11 节，丝状、锯齿状、栉齿状或棍棒状等，着生于额的两侧；身体长形，背面隆起；色泽各异，通常具金属光泽，有的种类体表具红色或黄色花纹；被直立的长毛；前足基节突出，前基节窝关闭或开放；鞘翅完全遮盖腹部，腹部可见腹板 5～6 节；足细长，跗节 5 节。部分成虫营捕食性生活，其余的种类以花粉为食，幼虫大部分栖息于朽木中，少数种类生活于动物尸体和干燥的植物性物质中，如仓储的谷物、食品和中药材等。

代表种：赤足郭公虫（*Necrobia rufipes* Degeer），严重为害干制的肉类及皮毛、鱼粉、椰干、棕榈仁、花生、蚕茧及多种动物性中药材。此外，也猎食其他昆虫（图 3-16，见彩插 16）。

图 3-16（彩插 16）　赤足郭公虫成虫背面观
（王新国/摄）

16. 露尾甲科（Nitidulidae）

体长 1～18 mm；倒卵圆形至长形，稍扁平，背面密生柔毛；多为淡褐色至近黑色，头显露，上颚宽，强烈弯曲；触角短，11 节，柄节及端部 3 节膨大，中间各节较细；前胸背板宽大于长；鞘翅宽大，表面有纤毛和刻点行，臀板外露或末端 2～3 节背板外露；前、中足基节横形，基前转片明显；胫节基部膨大，前足胫节外侧具锯齿突起，跗式 5-5-5，第 3 节双叶状，第 4 节很小，第 5 节较长；腹部可见 5 节。幼虫长形，头小；下颚关节区退化；下唇须 1 节；触角 3 节；复眼 3～4 对，第 9 腹节末端具尖的尾突。

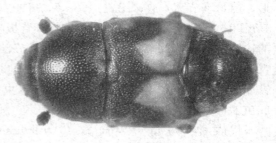

图 3-17（彩插 17） 酱曲露尾甲成虫背面观
（王新国/摄）

代表种：酱曲露尾甲（*Carpophilus hemipterus* L.），为害贮藏的大米、小麦、花生、面粉及多种植物的种子（图 3-17，见彩插 17）。

17. 扁甲科（Cucujidae）

体长 1.5～2.5 mm；长形，极扁，多为黑色、红色或褐色；头大，近三角形；复眼较小；触角 11 节，丝状、棒状或念珠状；前胸背板两侧较圆，常具锯齿状突起；鞘翅盘区扁，盖及腹端；前足基节窝开放或关闭；后足基节分离较远；跗式 5-5-5、5-5-4 或 4-4-4；腹部可见 5 节，第 1 可见节长是第 2 与第 3 节之和。幼虫扁平；头小，触角 3 节，长于头部；头部两侧各 6 个单眼；足 4 节，具跗爪节；第 9 腹节有尾突，气门环式。一般生活于树皮下或仓库中，少数有捕食习性。

附：扁谷盗亚科（Laemophloeinae）**原为扁谷盗科**（Laemophloeidae）

体微小至中型，扁平细长或呈圆筒状。头前伸，上颚发达，触角长，多由 11 节组成。前胸背板有完整的亚侧脊。前足基节球形，基节窝后方开放；中足基节球形，基节窝外侧开放；跗式 5-5-5，有时雄虫跗式为 5-5-4。鞘翅两侧平行。

图 3-18（彩插 18） 锈赤扁谷盗成虫背面观
（王新国/摄）

代表种：锈赤扁谷盗（*Cryptolestes ferrugineus* Stephens），成虫及幼虫为害破碎或损伤的谷物、油料、粉类、豆类及干果等多种农产品，经常在进口粮食中检出此虫（图 3-18，见彩插 18）。

18. 锯谷盗科（Silvanidae）

体长 1.5～5 mm；长形或卵圆形；头明显，梯形或半圆形；触角 11 节，端部 3 节成棒状；前背板长形，少有卵圆形者，基部窄于鞘翅；侧缘多有锯齿状突起；鞘翅长，盖及腹部；前、中足基节球形，后足基节横形；前足基节窝关闭；跗式一般 5-5-5，少数雄虫为 5-5-4；腹部可见 5 节。幼虫头大，触角 3 节，第 2 节最长，下颚内外颚叶合并，端部呈指状；头部两侧各 6 个单眼；足 4 节，具跗爪节；身体背侧面骨片周围具毛；腹部第 9 节小，无尾突。成虫常见于树皮下或蛀木蠹虫虫道中以及仓库、竹器等物品中。

代表种：锯谷盗（*Oryzaephilus surinamensis* Linnaeus），为害粮食、种子、油料、干果、中药材等（图3-19，见彩插19）。

19. 隐食甲科（Cryptophagidae）

图3-19（彩插19） 锯谷盗成虫背面观
（王新国/摄）

体长1～3 mm，长形，体背具毛；头突出，复眼不发达；上唇明显，但额唇基不明显分开；触角11节，端部3节膨大；前胸背板发达，前角突出；盘区隆突；鞘翅盖及腹端，具明显的刻点行；前、中足基节球形，后足基节横形；前足基节窝开放，中足基节窝外侧由腹板关闭；跗式5-5-5，在个别类群的雄虫中为5-5-4；腹部可见5节。幼虫头大，触角3节；上颚具臼叶；下颚内外颚叶合并，指状；头部两侧具2～3对单眼；足4节；第9腹节具尾突。成虫取食真菌和贮藏物，如毛草、中药材、粮食等物；幼虫取食腐物。常见于花间、蜂巢、鸟巢及哺乳动物窝中。

代表种：黄圆隐食甲（*Atomaria lewisi* Reitter）。

20. 拟叩甲科（Languriidae）

体狭长，2～16 mm；体光滑，有金属光泽，青蓝、赭赤等色；触角11节，生自复眼前方的上颚基部，端部3～6节常膨扩而呈棒槌状；头部后方有时具音锉；前足基节窝后方开放；跗节隐5节；前胸腹板突出于前足基节间，端部横截或分叉；鞘翅盖及腹背，翅面具刻点纵列；腹部可见5节，第1节常着生1对隆起的脊线，其长短各异。幼虫头部发达，触角3节；上颚具臼叶，下颚具合颚叶，呈指状；头部两侧各3～4对单眼；足4节；腹部第9节具尾突。

代表种：谷拟叩甲（*Pharaxonotha kirsch* Reitter），取食玉米、高粱的种子，为我国进境植物检疫性昆虫。

21. 大蕈甲科（Erotylidae）

体长3～25 mm；身体长椭圆形；头部显著，复眼发达；触角11节，端部3节膨大成棒状；额区与唇基合并；上唇窄长；前胸背板长宽近似相等，盘区隆突；鞘翅达及腹端，翅面多具刻点纵行；前胸腹板突将前足基节明显分开，前足基节窝关闭；中足基节窝外侧封闭，基节相距较远；后足基节远离，外侧不达鞘翅边缘；跗式5-5-5，第4节较小；腹部可见5节。幼虫头小，触角长，3节；下颚内外颚叶合并，颚、唇须均较短；头部两侧5～6对单眼；胸部隆突，胸腹背板及侧板具毛撮；尾突极长，甚至可以超过体长，也有缺尾突的类群。成虫、幼虫均菌食性，常见于蕈体、土壤及植物组织中。

图3-20（彩插20） 四纹大蕈甲成虫背面观
（王新国/摄）

代表种：四纹大蕈甲（*Megalodacne heros* Say），东南亚常见种类，经常在进境木材中检出（图3-20，见彩插20）。

22. 姬花甲科（Phalacridae）

体微小，体长1～3 mm。多呈卵圆形，背面隆起，平滑而有光泽。头部缩入前胸，触角着生于额部的隆起之下，11 节；末节形成触角棒；鞘翅覆盖腹末；前足基节球形，跗节 5 节；第 1 节呈心脏形或叶片状，第 4 节小，爪有附齿；腹部腹板 5 节。成虫通常发现于花上，幼虫在子房内发育。

代表种：黑姬花甲（*Olibrus aeneus* Fabricius），生活于菊科母菊属（*Matricaria* spp.）植物花的子房内。

23. 薪甲科（Lathridiidae）

小型昆虫，体长 0.8～3.0 mm。倒卵形，背面隆起或扁平，光裸或被茸毛，淡褐色至近黑色。头部前伸，横宽；唇基与额在同一平面上或唇基低于额面；复眼大而突出，近圆形；触角 8～11 节，触角棒 1～3 节；下颚须 4 节，下唇须 2～3 节；前胸背板宽于头部，窄于鞘翅，两侧圆弧形，具细齿突；背方扁平或隆起，或具各种隆脊或凹陷；两鞘翅分离或愈合，遮盖腹部；后翅发达，缀生短的缘毛，个别种类后翅退化；小盾片小，三角形；腹部有 5～6 节可见腹板；前足基节圆锥形突出，前足基节窝后方关闭。中胸后侧片不伸达中足基节窝；后足基节不突出，左右远离；跗式 3－3－3，有的雄虫跗式为 2－3－3 或 2－2－3，各节长，爪简单。成虫和幼虫取食真菌孢子和菌丝，通常栖息于发霉的物质中，如霉变的食物、谷物及腐烂的植物性物质中；在室外多发现于枯枝落叶下、薪材里及草垛下。近些年发现有部分种类大面积为害苹果、梨等果树和其他植物。

代表种：缩颈薪甲（*Cartodere constricta* Gyllenhal），经常发现于干木材和贮藏物内（图3-21，见彩插 21）。

图 3-21（彩插 21） 缩颈薪甲成虫背面观
（王新国/摄）

24. 拟步甲科（Tenebrionidae）

体长 5～40 mm，体壁坚硬，前足基节窝后方关闭，跗式普遍 5－5－4，鞘翅有发达假缘折，前唇基明显。身体小型至大型，长 2～35 mm；体形变化极大，有扁平形、圆筒形、长圆形、琵琶形等；体色有黑色、棕色、绿色、紫色等多种，分布在温带者以单一黑色者最普通，分布在热带者则富有各种金属光泽。表面一般平滑，但也有粗点刻、颗粒线纹和脊突等。头部通常卵形，前口式至下口式，较前胸为小；表面变化较大，光滑至具皱纹。触角生于头侧下前方，丝状、棍棒状，念珠状、锯齿状和抱茎状等，通常 11 节，稀见 10 节者，有些具触角沟；上颚粗短，光滑，有时略弯，端部钝至尖；下颚须 4 节，端部膨大；下唇有变化较大的颏；舌叶可见；侧唇舌明显；下唇须 3 节，末节膨大。复眼通常小而突出，横生和缺缘。雄性有时头上生有角状突起。前胸背板较头宽，形状多变；边缘常具饰边；表面光滑至粗糙；前胸腹板突出；前足基节窝后方关闭；中胸腹板短；中足基节窝后方开放或关闭；后足基节窝长。足粗长，缺前足基转节；中足基节球形，稀卵形，不突出，全部分离；中足基节窝圆形，通常宽离；后足基节窝横形，分离；各基转节小，三角形，雌性的略长；胫节通常细长，平滑、具刺或齿，端距突出。跗式通常 5－5－4，稀见 5－4－4 或 4－4－4，第 1 节总是长过第 2 节，无分裂的叶状节；爪简单至复杂，后者在爪下有栉齿；小盾片小，多变；鞘翅完整、末端圆；具后翅；腹部有 5 个可见腹板，第 1 至第 3 节常常愈合。幼虫圆筒状或扁阔，体壁革质化，呈黄、褐、乳白等色；头冠缝 U 形或 V 形；唇基和上唇明显；上颚粗壮，顶端急尖，有臼齿区；单眼 4 对，仅有色素斑或缺如；胸足 4 节，前足比其他足发达，土栖种类常常有犁尖状端跗节；腹部常常有尾突，尾端有 2 枚钩棘或形成一个可伸缩的短器官，称伪金针虫（false wireworms）；蛹短形。

本科甲虫除少数活动于日间外，一般为夜间活动性甲虫，具假死性。步行缓慢，一般食植性，常以腐败物、粪便、种子、谷类及其他制品为食，亦有捕食性者和栖居蚂蚁巢中者。不少种类以活植物为食。该类甲虫在沙丘、荒漠、干燥地带往往成群出现，能侵害农作物和草原植物。

代表种：赤拟谷盗（*Tribolium castaneum* Herbst），危害谷物、饲料、干果等产品，为世界性害虫（图 3 - 22，见彩插 22）。

图 3 - 22（彩插 22）　赤拟谷盗成虫背面观
（王新国/摄）

25. 拟天牛科（Oedemeridae）

体型长，中等大小并横向隆起，背面略扁；长 5～20 mm；颜色多变，灰白至沥青色，常常有黄色、红色或橘黄色斑，体表被毛。头小并倾斜，比前胸窄，表面光滑，具刻点或小皱纹；触角 11 节，第 2 节比其他节小，丝状，稀见锯齿状；着生在眼的前方和上颚基部；上唇不明显，在许多情况下不与额分离，有时有唇基桥；上唇小，通常凹缘；上颚中度粗壮并弯曲；眼侧置，通常大，卵形，靠近触角着生处常常有凹至深凹；前胸背板略遮盖头的基部，端部比基部宽，基部比鞘翅窄；前胸腹板中等；前足基节窝后方开放，基节左右相接；中胸腹板短；中足基节窝后方开放；胫节有突出的端距，稀见缺少者；跗式 5 - 5 - 4；爪简单，或基部具齿；小盾片中等大小，弓形；鞘翅完整，顶端圆，表面有亚脊突，通常有小皱纹，布小刻点；缘折窄；腹部有 5 个可见腹板，缝完整，表面通常光滑或有小皱纹。幼虫小至中等大，弱骨化，圆锥形。头部有明显但很短的骨化舌。上颚粗大，充分骨化。幼虫栖于潮湿的枯木内，尤其在针叶树和干枯木中。

代表种：黑尾拟天牛（*Nacerdes melanura* Linnaeus），幼虫常栖于针叶树木材内。

26. 缩腿甲科（Monommatidae）

体小，体长 5～12 mm，黑色，卵形，具棒状触角，前口式的头部是该科区别于其他异节类的显著特征。体光滑，背面隆起，腹面扁平。头部水平状突出，表面具刻点，颇显著；触角 11 节，生于前颊之下，并存放在前胸腹面的沟内，先端 2～3 节形成扁卵形的棍棒；上唇短，前缘完全；上颚短，前端凹；下颚须 4 节，粗实，末节切截，略扩展；下唇中等大小，有明显外咽片；亚颏突出；下唇须 3 节，末节尖锥状；眼大，横形，小眼面大；前胸背板前面窄，侧缘边平滑完全，基部与鞘翅等宽；侧缘有明显饰边；表面有刻点；侧板有容纳触角的沟；前胸腹板宽，隆起的腹突伸及中胸腹板的凹内；前足基节小，圆形；中足基节扁平，宽阔地分离；后足基节扁阔；腿节基部窄缩；胫节较细而扁平；跗式 5 - 5 - 4，细长，第 1 节较长；爪简单；小盾片小，三角形；鞘翅端部圆而完整；具点线，缘折达到翅端部。具后翅。幼虫生活于朽木之中，成虫在草上可见。

代表种：褐色缩腿甲（*Monomma glyphysternum*）。

27. 长朽木甲科（Melandryidae）

该科与拟步甲科（Tenebrionidae）外形类似，可用大的口须、坚硬的身体和缺少突出的额桥与后者区别。体长而隆起，较瘦而略宽；长 3～20 mm；栗色、棕色或黑色；表面有稀疏到中等稠密的半伏短毛；头部强烈倾斜，后面收缩或不；表面光滑，具刻点或皱纹；触角 11 节；丝状或略粗，或锯齿状；唇基近于革质；上唇突出；上颚短，通常隐藏，弯曲；眼小，侧置，凹缘或完整，横卵形。前胸背板与鞘翅基部等宽；形状多变，近于方形、梯形，前缘弧弯，通常最宽处在后方；前胸腹板中等，后方变尖；基节窝后方开放。中胸腹板短或中等；中足基节窝后方开放。足中等长而较瘦；前、中足转节有时可见；前足基节常常相接，卵形至圆锥形；中足基节相接；后足基节横阔；转节小，腿节较瘦；胫节有锯齿状端距；跗式 5-5-4，第 1 节长，倒数第 2 节常常扩大和凹缘；爪简单或具附器。小盾片多变，三角形或卵形。鞘翅完整，端圆；缘折窄；具后翅。腹部有 5 个可见腹板。幼虫多种类型，3～30 mm 长，色淡。头盖线明显，触角短，两侧各有 5 个单眼，唇基与上唇分离，足短，尾端缺突起。成虫、幼虫见于干燥朽木中，在落叶树皮下或干菌体间或花中。

代表种：长朽木甲（*Serropalpus barbatus*）。

28. 栉牛科（Trictenotomidae）

头部水平状，上颚强大，向前突出。触角生于眼之前方近上颚基部，11 节，先端 3 节向内侧膨大，呈短栉齿形或锯齿形。眼宽广，前缘弯曲。前胸侧缘略有尖齿状突起；前胸背板基部稍狭于鞘翅；后胸前侧片宽广，两侧缘相平行。前、后足基节横形，前基节窝开口。跗节略圆，除后足外各跗节先端下面生毛丛。大型甲虫，外观似天牛或鹿角虫，但跗节明显属于异节类，触角先端 3 节膨大呈锯齿状，容易识别。幼虫与赤翅甲幼虫和天牛幼虫相似，头大，体躯各节前后均狭小；腹部第 1 节短小，端节幅狭，末端有向下弯曲的一对突起；足不发达。居于枯木内。

代表种：威氏栉牛（*Autocrates vitalisi* Vuillet），分布于我国广东、广西等地，为树木害虫。

29. 盘胸甲科（Boridae）

体黑色，伸长而粗壮，体长 2～15 mm；身体表面被物稀疏，刻点稀少。头部突出，在眼后方不收缩；触角 11 节，着生在前颊的扩展部位之下，末端有短的棍棒；上颚端部凹缘；下颚须端节扩展；下唇须末节细长而简单。眼完整；颈部宽。前胸背板前后方狭小如盘状，有明显的侧缘饰边。鞘翅简单，被刻点，缺纵沟；后翅有亚肘脉斑并散开。足短，所有转节异形；前足基节窝横形，外方开放，基转节裸露；前足基节窝在腹板中间彼此接触；中足基节窝基转节裸露，基节完全被后足基节之间的腹突分开；跗式 5-5-4，其总长与胫节相等。

代表种：谢氏盘胸甲（*Boros schneideri* Panzer），幼虫在朽木树皮下生活。

30. 花蚤科（Mordellidae）

本科昆虫拉丁文 Mordeo 为啃食花朵之意。体小型，楔形或侧扁；触角很短；翅长；腹部尖削，后足很长。身体光滑，流线型，有驼峰状的背，端部尖，楔形或裂片形；长 1.5～15 mm，通常短于 8 mm；颜色多变，有黑色、红色、白色和黄色；表面密生绢丝状微毛，或具粗毛或鳞片。头大，卵形，部分缩入前胸内，和前胸背板等宽，眼后方收缩；表面光滑或布皱纹状刻点。触角 11 节，偶见 10 节，很短，丝状，末端略粗或锯齿状。唇基小而明显；上唇突出，完整；上颚短，粗壮，有时弯曲。眼侧生，较发达，小眼面中等，卵形。前胸背板小，前面窄，与鞘翅基部等宽；前胸腹板很短；中胸腹板短，具隆线，后方变尖；后胸腹板大，中等。足无基转节；前足基节圆锥形；大而连接；中足基节小，稍分离；后足基节扁平，连接；足较细或急剧扩展。胫节有大端距，后一对距顶端常常扩大。跗式5-5-4，爪简单。腹板有5~6个可见腹板，缝明显。末节变成长刺状，表面有小皱纹。幼虫一般圆筒状，或短或粗壮，长5~16 mm，通常短于10 mm；白色，有足。成虫栖息于花中，特别喜食伞形花序和寄生朽木的真菌。幼虫侵害活草茎和朽木，但也有关于幼虫生活于白蚁巢内捕食白蚁的报道。

代表种：蛀麻花蚤（*Mordellastena pumila*），寄生于大麻茎内，形成瘤状。

31. 木蕈甲科（圆蕈甲科）（Ciidae）

小型甲虫，体长由不足1 mm至7 mm，多数为1~2 mm。圆筒状，长形至卵圆形。表皮褐色至沥青色，被粗短而直立的鳞片状毛。头卵圆形，部分或全部隐于前胸背板之下；额脊明显，额面布粗大刻点；触角8~10节，稀11节，末3节形成松散的触角棒，着生于复眼与上颚基部之间。前胸背板大，约与鞘翅基部等宽；雄虫的头部和前胸背板前缘有时有叶状、齿状、角状或瘤状突。足较短；前足基节横卵圆形，中足基节亚圆锥形，后足基节横形，各足基节均左右分离；转节小，横三角形；腿节膨大；胫节细而具刺，无端距；跗式4-4-4（稀3-3-3），第1~3节短，末节长。小盾片小，不明显。鞘翅覆盖腹末，行间布皱纹刻点。腹部可见腹板5节。成虫和幼虫群集生活于菌类及腐木中，也往往栖息于小蠹虫的坑道内，为典型的食菌性甲虫。该科的某些种类严重为害食用菌类。

图 3-23（彩插 23） 中华木蕈甲成虫背面图
（王新国/摄）

代表种：中华木蕈甲（*Cis chinensis* Lawrence），严重为害贮藏的干灵芝（图3-23，见彩插23）。

32. 小蕈甲科（Mycetophagidae）

多为小型甲虫，体长1.5~6.0 mm。长椭圆形至卵圆形，背面略扁平，密生细毛。体壁黄褐色、褐色至近黑色，有的种类鞘翅上缀橘黄色或红色花斑。触角着生于复眼之前及额的侧缘下方，11节，末2~7节形成触角棒。鞘翅遮盖腹末；腹部可见腹板5节，第1腹板的前方呈三角形，伸达后足基节之间。各足的左右基节靠近，前足基节卵圆形，倾斜，稍突出，前基节窝后方开放。雄虫跗式为3-4-4，雌虫4-4-4。成虫、幼虫生活于树皮下以及仓库和居室内，以取食真菌为主，也兼食潮湿的谷物，极个别种类取食松树的花粉。

代表种：小蕈甲（*Typhaea stercorea* Linne），主要为害含水量高的谷物、干果及豆类等（图3-24，见彩插24）。

图 3-24（彩插 24） 小蕈甲成虫背面观
（王新国/摄）

33. 距甲科（Megalopodidae）

体长 6～10 mm；长椭圆形，体表被毛；头突出，眼后稍收狭；触角 11 节，基部 4 节较细，5～11 节加粗，锯齿状；前胸背板基部宽，端部窄，两侧无边框；鞘翅长形，基部明显较前胸背板为宽，肩角突出，端部盖及腹部，仅露臀板；中胸具发音器；前、中足较细长，后足腿节粗大，内侧具齿，胫节明显弯曲；各足胫节端具双距；腹部可见 5 节腹板。幼虫分露生和潜生，形态有差异。露生类群头小，具单眼，胸部及腹部 1～4 节背板有一纵沟，两侧突出，无胸足，腹部两侧具瘤突，瘤突上具长刚毛，端部有尾突，两侧具长毛。距甲成虫喜食嫩茎，幼虫钻蛀为害。

34. 天牛科（Cerambycidae）

体小至大型，4～65 mm；复眼肾形、触角显著长是本科昆虫的标志特征。体长形，颜色多样；头突出，前口式或下口式；触角着生于额突上（触角基瘤），通常 11 节，少数种类有 10 节、12 节等；前胸背板多具侧刺突或侧瘤突，盘区隆突或具皱纹；鞘翅多长形，盖住腹部，但一些类群鞘翅短小，腹部大部分裸露；足细长，前足基节窝开放或关闭；腹部通常可见腹板 5 节，少有 6 节者。幼虫头部多缩入前胸之内，触角 2～3 节；侧单眼 6 对，有的退化为 3 对、2 对或 1 对，个别无单眼；下颚具合颚叶；下唇须 2 节；胸腹背面多隆凸，两侧具侧瘤突；足 4 节，具跗爪节；腹部 10 节，1至 6 或 7 节具步泡突，第 9 节具尾突。本科为植物的钻蛀性害虫，林、果、桑、茶、棉、麻、木器等均可受其为害。

代表种：星天牛（*Anoplophora chinensis* Forster），广泛分布于我国，喜食苦楝，同时可以危害多种阔叶树木（图 3-25，见彩插 25）。

图 3-25（彩插 25） 星天牛背面观
（王新国/摄）

35. 负泥虫科（Crioceridae）

体型中等大小；体长形；头部突出，稍窄于前胸背板或等宽，具明显的头颈部；复眼发达；触角 11 节，丝状、棒状、锯齿状或栉状；前胸背板长大于宽，两侧在中部或基节收狭，背面较隆突，或前胸背板近似梯形；鞘翅长形，盖及腹端，基部明显宽于前胸；部分类群鞘翅卵形，臀板或腹部末端数节背板外露；足较长，胫节端部常有距；后足腿节粗大，内侧具齿，胫节弯曲；腹部腹面可见 5 节，部分第 1 可见腹节很长，为其余各节长度之和。幼虫头小，胸部各节较腹部小，无腹足及尾突；上唇及唇基明显；下颚具合颚叶，下唇须 1 节；触角 3 节，具侧单眼；胸足 4 节（图 3-26，见彩插 26）。

图 3-26（彩插 26） 负泥虫的一种
（王新国/摄）

该科昆虫除水叶甲亚科成虫为水生或半水生外，其余为陆生。该科昆虫习性比较复杂，食性范围较广，主要取食单子叶和双子叶植物，其中一些亚科或属的昆虫对寄主有一定选择范围。成虫多食叶，豆象食花或种子；幼虫则分为蛀茎、食叶、食根、食种子等不同习性。距甲亚科的一些属的昆虫常发生在豆科植物上。幼虫在植物的嫩梢中取食，老熟后落地，在土下做室化蛹。瘤胸叶甲亚科的昆虫主要取食柳科植物，幼虫潜叶，食叶肉，老熟后脱叶入土，做室化蛹。茎甲亚科的昆虫主要发生在豆科植物上，幼虫在植物茎干内取食，被蛀部分膨大成虫瘿，在瘿内结茧化蛹。水叶甲亚科多发生在禾本科植物上，幼虫在水中食根，用腹端的气门插在根中进行呼吸，在近表土处作茧化蛹。负泥虫亚科常发生在禾本科、鸭跖草科、菝葜科等植物上，幼虫在叶表取食，将排泄物背在背上，老熟后结茧化蛹。

代表种：紫茎甲（*Sagra femorata purpurea* Lichtenstein），幼虫蛀蚀于植株内，使蛀食部位组织增生，影响生长。

附：豆象亚科（Bruchinae）**原为豆象科**（Bruchidae）

通称豆象，全球约 1 000 种。分布于世界各地。中国记载有 10 属、40 多种。

体中小型，卵圆形；触角锯齿状；头略伸长，体覆鳞片；鞘翅短，尾端外露，跗节假 4 节，复眼大，前缘强烈凹入。触角 11 节，锯齿状，栉齿状。鞘翅毛有白色、棕色，常形成斑纹，末端截形。腹部臀板外露，腹板 5 节。后腿节常具尖齿。跗节 5 节，第 4 节小。幼虫为复变态，第 1 龄有长足，胸板有齿，经过一次脱皮后，足部分或全部消失，形成不甚活泼的蠕虫型幼虫。产卵习性因种而异，除野生外，仓库内的豆象在所寄生的豆上产卵；豌豆象则在仓内越冬，次年春天飞出到大田中，在结荚的豌豆上产卵。豆象多为单宿主，即专寄生于某一种豆科植物，少数食性广，为害多种豆类，主要为害豆科植物的种子。大多数种类在野外、部分在仓库内生活。在气温较高的地区和仓库内能全年繁殖为害，造成豆类大量损失（张生芳等，1998）。

代表种：菜豆象（*Acanthoscelides obtectus* Say），分布于世界上多个国家，我国仅在东北靠近朝鲜的地方有零星分布。该虫主要危害菜豆、豇豆、白芸豆，也危害兵豆、鹰嘴豆、蚕豆和豌豆。菜豆象为我国进境植物检疫性昆虫（图 3-27，见彩插 27）。

图 3-27（彩插 27） 菜豆象成虫背面观
（王新国/摄）

36. 叶甲科（Chrysomelidae）

体长 1～17 mm；长形，体色多样；头部外露，多为亚前口式；复眼突出；触角多为 11 节，偶有 9 节或 10 节者，丝状、锯齿状，很少栉状；上唇、唇基多明显；上颚具臼叶；下颚外颚叶分节；前胸背板多横宽，不少类群具边框；鞘翅一般盖住腹部，个别高山类群为短翅型；足较长，前足基节在叶甲亚科横形，其他亚科为锥形；腿节粗长，跳甲亚科腿节十分膨大，内有跳器；跗节伪 4 节，第 4 节极小，在锯胸叶甲亚科此节消失；腹部背面可见 7 节，锯胸叶甲亚科为 8 节，腹面可见 5 节。幼虫为典型的伪蠋型，头部及前胸背板骨化较强，身体各节有瘤突和骨片，体上具毛或刺；头部两侧单眼一般 6 对，个别缺单眼；上颚无臼叶；下颚具合颚叶；足 4 节，具跗爪节；有爪垫，腹部 10 节，第 9 节无尾突，第 10 节有伪腹足。

该科成虫和幼虫均为植食性，取食植物的根、茎、叶、花等。寄主植物以被子植物为主，裸子植物极少。幼虫的生活方式多样，有个别是潜叶蛀茎为害的，如橘潜跳甲潜叶、玉米旋心虫、栗凹胫跳甲蛀食苗茎基部。牡荆叶甲在寄主植物茎枝间用粪便筑巢，幼虫匿居食茎。

代表种：黄足黑守瓜（*Diaphania indica* Saunders），葫芦科蔬菜上常见的害虫（图 3-28，见彩插 28）。

37. 铁甲科（Hispidae）

体长 3～20 mm；体型椭圆或长形；头后口式，口器在腹面可见，有时部分或全部隐藏于胸腔内；触角基部靠近，多为 11 节，少数有 3 节或 9 节者，一般丝状，亦有棒状或粗杆状；前胸背板形状多样，有方形、半圆形等，有的两侧及背面具枝刺；鞘翅有长形、椭圆形、

图 3-28（彩插 28） 黄足黑守瓜背面观
（王新国/摄）

侧、后缘有各种锯齿，翅面有瘤突或枝刺；3 对足基节远离，前、中足基节多为球形或圆锥形，后足基节横形；腹部背面可见 8 节，腹面可见 5 节。幼虫头部较小；触角 2～3 节；多数具 4～6 对侧单眼，潜生类单眼退化；下颚具合颚叶，下颚须 2 节，下唇须 1 节；胸、腹两侧有具刺突或无刺突类；足 4 节，具跗爪节，有的足完全退化，腹部 9～10 节，第 9 腹节有尾突或无尾突。

该科昆虫的幼虫露生或潜叶，主要寄生在单子叶植物或双子叶植物上，有些种类是禾本科植物（如水稻、玉米、竹、甘蔗等）的重要害虫。

代表种：椰子缢胸叶甲（*Promecotheca cumingii* Baly），幼虫潜食椰子等棕榈科植物叶肉，危害心叶，为我国进境植物检疫性害虫（图 3-29，见彩插 29）。

图 3-29（彩插 29） 椰子缢胸叶甲成虫背面观
（王新国/摄）

38. 三锥象科（Brentidae）

体长 4～50 mm；长形，两侧平行；头及喙细长，前伸，约与前胸等长；触角短，非膝状，9～11 节，丝状；下颚无内颚叶；具 1 条外咽缝；前胸长形，无侧缘，基部收狭，常较鞘翅为窄；鞘翅盖及腹端；足较粗，前足基节半圆形；跗式 4-4-4；后胸腹板约与腹部等长；腹部腹板可见 5 节，基部两节多结合。幼虫头部较大，下颚须 2 节，内外颚叶合并；前胸背板骨化明显，胸部背面强烈隆突，足退化；腹部背面及两侧均有瘤突。成虫为害植物的茎叶、幼芽，幼虫钻蛀为害。

代表种：甘薯小象甲（*Cylas formicarius* Fabricius），成虫为害植物的茎叶、幼芽，幼虫钻蛀为害红薯，为我国南方红薯储藏期重要害虫（图 3-30，见彩插 30）。

图 3-30（彩插 30） 甘薯小象甲成虫侧面观
（王新国/摄）

附：蚁象甲科（Cyladidae）

体小至中型，狭长，体壁光亮。触角细长，不呈膝状，由 10 节组成，从喙基部斜伸；第 1 节不长，末节很长且粗。前胸延长，尤其在前足基节前特别延长，后缘近基部收狭。鞘翅较狭长，刻点行明显。腹部腹板 5 节。幼虫体短无足。甘薯小象甲类为该科重要的有害种类，有的分类学家将其归入三锥象科（Brentidae），也有将其归入梨象科（Apionidae）或象甲科（Curculionidae）。

39. 长角象科（Anthribidae）

体长 2～15 mm，长条形；喙宽短或长扁，短型触角第 1 节长于第 2 节，末端 3 节棒状，长度不超过前胸背板；长型触角丝状，一般超过体长，第 2 节长于第 1 节；外咽缝消失；前胸背板基部宽，端部窄，基部 1/2 有边缘；鞘翅两侧接近平行，盖及腹端，也有臀板外露者；前足基节窝相连，中足基节窝关闭；胫节无棘刺，跗式 5-5-5，第 3 节双叶状，第 4 节小型，位于第 3 节基部；腹部可见 5 节腹板，前 4 节愈合。幼虫蛴螬型；头大，上颚具白齿，下颚具合颚叶，下颚须 2～3 节，下唇须仅 1 节；触角 1 节或缺；足退化或消失，无尾突。成虫食叶，幼虫多栖于木质部或食害种子、果实，个别捕食蚧虫，多在花中可见。

代表种：咖啡豆象（*Araecerus fasciculatus* Degeer），一种常见的为害种子的害虫，经常发现于各种贮藏物中（图 3-31，见彩插 31）。

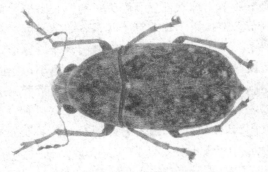

图 3-31（彩插 31）　咖啡豆象成虫背面观
（王新国/摄）

40. 卷象科（Attelabidae）

体长 1.5～8 mm；长形，体背不覆鳞片；体色鲜艳具光泽；头及喙前伸，无上唇，外咽缝愈合；触角不呈膝状，末端 3 节呈松散棒状；前胸明显窄于鞘翅，端部收狭，两侧较圆；鞘翅宽短，两侧平行，盖及腹端；前足基节大，强烈隆突；前足最长；各足腿节膨大，内侧具齿，胫节弯曲，末端有距；跗式 5-5-5，第 3 节双叶状，第 4 节小，位于其间；腹部可见 5 节，1～4 节愈合。幼虫蛴螬型，头较小，上颚具白齿，下颚具合颚叶；触角 1～2 节；胸腹背侧面有瘤突；足消失；无尾突。

代表种：苹虎象（*Rhynchites aequatus* L.）成虫取食幼果导致果实畸形，幼虫钻蛀导致果实提前落果或畸形，损失可达 70%，为我国进境植物检疫性昆虫。

41. 象甲科（Curculionidae）

体长 1～60 mm；长形，体表多被鳞片；头及喙延长，弯曲；无上唇及唇基；喙的中间及基部之间具触角沟；触角 11 节，膝状，分柄节、索节和棒节 3 部分，柄节较 2～4 节长，棒多为 3 节组成；颚唇须退化，质硬，外咽缝合为一条；胸部较鞘翅窄；端部窄于基部，两侧较圆；鞘翅长，端部具弧形的翅坡，多盖及腹端；腿节棒状或膨大，胫节多弯曲，胫节端部背面多具钩；跗式 5-5-5，第 3 节双叶状，第 4 节小，位于其间；腹部可见腹板 5 节，第 1 节宽大，基部中央突延伸于后足基节间。幼虫蛴螬型，上颚具发达的白齿；无足和尾突。

象甲均为植食性，幼虫体肥而弯曲成 C 形，头部特别发达，多数可钻入植物的根、茎、叶、花、果、种子、幼芽和嫩梢等蛀食，是经济作物上的大害虫。

代表种：松瘤象（*Hyposipalus gigas* L.），分布于我国江苏、江西、福建、湖南和云南，国外分布于日本和朝鲜。危害马尾松等松树类，可使树木衰弱或枯死（图 3-32，见彩插 32）。

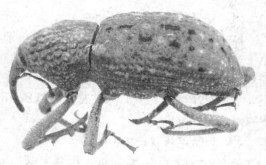

图 3-32（彩插 32） 松瘤象成虫背面观
（王新国/摄）

42. 长小蠹科（Platypodidae）

体长圆筒状。头宽短，与前胸等宽或宽于前胸。复眼圆而突出；触角短，非膝状，一般鞭节 4 节，球状部显著膨大。前胸长方形，侧方有沟，以收纳前足腿节。腿节及胫节宽大，跗节 5 节，第 1 跗节等于其余各跗节长度之和，前足第 3 跗节不扩展呈叶状，前足胫节末端斜生一端距，其下面有粗糙皱褶。雌雄异形，雌虫大，额面凹陷，有毛束状的附属物用以搬运菌丝与孢子，鞘翅末端较圆；雄虫小，额面隆起且无毛束，鞘翅末端截断状、裂口状或缀生刺状附属物。该科主要分布于热带和亚热带，为害硬木类木质部，多寄生于阔叶树，幼虫在坑道内取食真菌。另外还有某些种类，在储藏物内也可能会发现。

代表种：中对长小蠹（*Platypus parallelus* Fabricius），多为害树势衰弱的活树，可为害边材和心材，为我国进境植物检疫性昆虫（图 3-33，见彩插 33）。

图 3-33（彩插 33） 中对长小蠹雄虫背面观
（王新国/摄）

43. 小蠹科（Scolytidae）

体长 0.8～9 mm；长椭圆形，体表具毛或鳞片，褐色至黑色；头半露于外，窄于前胸，无喙，无上唇，上颚强大；下颚内具合颚叶，下唇无唇舌分化；触角膝状，端部 3～4 节成锤状；前胸背板多为基部宽，端部窄，有侧缘或无侧缘；鞘翅稍长于前胸背板，短宽，两侧接近平行，翅面具刻点行，端部多具翅坡，翅坡周缘多有齿状突或瘤突；足短粗，胫节强大，外侧具齿列，个别类群光滑，端部具弯距；跗式 5-5-5；腹部可见腹板 5 节。幼虫近似蛴螬型。蛀干害虫，多以衰弱树木为侵害对象，有植食和菌食习性。当其入侵树木后，在侵入孔里面修筑交配室、母坑道，前者为交尾场所，后者为产卵场所。

成虫和幼虫一般在树皮下为害，也有蛀入木质部。成虫所蛀虫道称为母坑道，幼虫孵化后所蛀虫道称为子坑道，一般子坑道与母坑道垂直或呈放射状。幼虫老熟后在子坑道顶端筑室化蛹，羽化后在树皮上咬一羽化孔而飞出。

代表种：云杉八齿小蠹（*Ips typographus* Linnaeus），多钻蛀于树干中下部的树皮下及边材（图 3-34，见彩插 34）。

图 3-34（彩插 34） 云杉八齿小蠹成虫侧面观
（王新国/摄）

三、双翅目（Diptera）

1. 瘿蚊科（Cecidomyiidae）

微小至小型，体长一般为 1～5 mm。身体十分纤弱，呈白色、淡黄色、橙黄色、红色、红褐色及黑褐色等，常被毛和鳞片。复眼发达，可延至头背面，多为接眼式或互相邻近，由眼桥相连。除树瘿蚊亚科（Lestremiinae）常具 2～3 个单眼外，多无单眼。口器由上唇、舌、下颚须和唇瓣构成，伸长或退化；下颚须 1～4 节。触角细长，念珠状，由柄节、梗节和 6～65（通常为 14 个或 12 个）个鞭节组成。柄节通常大于梗节；鞭节由基部膨大的结部和端部柱状而光滑的茎部组成，少数种类茎极短或无。结部大多为圆柱形、球形或近圆锥形。瘿蚊亚科（Cecidomyiinae）的部分种类在结部的中部缢缩，形成"二结型"甚至"三结型"。结部着生长刚毛、短毛和各种感器，其中，环丝为本科特有的结构，两端着生于结部，形成线状的环，无游离端，多见于雄虫。翅较宽，通常膜质透明，有时具浅色斑、毛或鳞片。脉序简单，向前集中，纵脉不多于 5 条。少数种类翅退化或完全无翅。足细长，易断，被毛和鳞片；基部明显，胫节无端距，跗节通常 5 节，除树瘿蚊亚科第 1 跗节长于其他跗节外，其他种类第 1 跗节均明显短于第 2 跗节；爪弯曲或直，简单或具 1 至多个基齿，爪间突发达或退化。雄性外生殖器由第 9 腹节背板、尾须、肛下板、抱器基节、抱器端节和阳茎组成；雌虫腹部第 7～10 节或多或少变形，向端渐细变成产卵器，常可伸缩。幼虫 3 龄，无足，圆筒形或扁圆筒形，两端尖，白、黄、橙或红色，老熟幼虫体长一般 2～5 mm。头壳极小，锥形，具 1 对短小的触角。口器退化，由上颚和下颚片组成。头壳后为颈节、3 个胸节和 9 个腹节。大多数种类的第 3 龄幼虫前胸腹面中央具骨化的 Y 形胸骨，由表皮强烈加厚形成，为本科独有的特征；周气门式，气门 9 对，位于前胸和第 1～8 腹节。蛹为离蛹，有些种类的蛹包在末龄幼虫的皮壳中。

代表种：高粱瘿蚊（*Contarinia sorghicola* Coquillett），幼虫在颖壳内取食高粱幼胚汁液，造成瘪粒、秕粒，为我国进境植物检疫性昆虫。

2. 眼菌蚊科（Sciaridae）

成虫为小型至中型的蚊类，头小；触角丝状，比头部要长，有的比身体还长；复眼在头顶延伸并左右相连接，形成"眼桥"。翅透明常具斑纹，少数种类短翅或完全无翅，有的甚至连平衡棒也欠缺。腹部可见 6～7 节。雄虫腹末具 1 对钳状的抱握器。幼虫生活于富含腐殖质的土壤中，多为害植物根和地下茎部，有些种类为害蘑菇。

代表种：菌蚊（*Sciara analis* Schiner），3 龄以后的幼虫常蛀入蘑菇子实体为害。

3. 潜蝇科（Agromyzidae）

微小至小型蝇类，一般黑色或黄色，部分类群具有绿、蓝或铜色金属闪光。有单眼鬃、后顶鬃、口鬃、上眶鬃和下眶鬃；触角芒生于第 3 节背面基部。翅大，透明或着色；C 脉在 Sc 脉末端或接近于 R 的联合处有 1 折断；Sc 脉在末端变弱，结束于脉折断处或在到达 C 脉之前与 R1 脉合并；径脉分支直达翅缘，臀脉变短，不达翅缘，有 1 小臀室。胸部的小鬃通常规则地排列成鬃组。腹部或多或少压缩。雌可见 6 个体节，雄可见 5 个体节。

幼虫蛆型，体长 4～5 mm。前气门 1 对，位于背面，互相接近。幼虫以植物组织为食。多数种类潜于叶中，有些蛀茎、嫩枝或根，少数种类引起虫瘿。

代表种：三叶斑潜蝇［*Liriomyza trifolii* (Burgess)］幼虫取食花卉叶肉组织，为我国进境植物检疫性昆虫。

4. 水蝇科（Ephydridae）

成虫体小型至微小；顶后鬃相背；无髭，无臀室；翅的前缘有 2 个缺口。老熟幼虫体长 5～16 mm，身体构造变化很大；多数为水生种类，后端细长；体色白色至棕色，表皮有的光滑，有的粗糙，有的具横褶，体外常具刚毛或小刺，头部触角很小，分 2 节；口钩具齿或呈掌状；前胸的侧面具气门突起，在突起的末端具少数长指形构造；腹部末端的 1 对后气门或位于 1 对短突起上，或着生在长而平行的管状构造上，这种管状构造可以收缩到管鞘中。水蝇常大量出现在淤池塘、溪流和海边。原油水蝇（*Psilopa petrolei*）在原油池中生长并繁殖，以落入池中的昆虫为食。美国西部的印第安人曾收集其幼虫为食。少数种类幼虫潜叶生活。

代表种：麦水蝇（*Hydrellia griseola* Fallen），幼虫潜食水稻叶片及叶鞘部叶肉，潜道呈直线形。

5. 杆蝇科（黄潜蝇科）（Chloropidae）

小或微小的蝇，很活泼，色淡，多数绿色或黄色。鬃退化，单眼三角区大；后顶鬃会合或否；触角芒生在背面基部。翅 C 脉只有一个折断处，Sc 脉短，末端不折转；R 脉 3 分叉，直达翅缘。中脉 2 分叉，前支略弯曲，中间只夹有一个翅室（基室和中室合并），后面无臀室。幼虫圆柱形，长 6 mm 左右，口钩明显；触角 2 节。身体腹面每节有移动用的膨大部分。前气门小而长，有 4 个以上的瓣；后气门裂卵形，开口于末端短突起上。多数钻蛀于草本植物茎内，有的为害栽培的禾本科植物。一年发生多代，以老熟幼虫在植物体上越冬；夏季在杂草或落粒所生的麦苗上生活；春季温度高时发生较早，夏季低温多湿，也能促使繁殖。

代表种：稻秆蝇（*Chlorops oryzae* Matsumura），幼虫侵入水稻心叶内为害。

6. 实蝇科（Trypetidae）

小型至中型蝇类，体常有黄、棕、橙、黑等色。头大，具额鬃但无髭。触角短，芒着生背面基部，光裸或具细毛。翅长变化很大，2～25 mm 不等，翅有雾状的斑纹，亚前缘脉呈直角弯向前缘，臀室末端成一锐角，弦室长，中室 2 个。雌产卵器长而突出，3 节明显。成虫常立于花间，翅经常展开，并前后扇动。实蝇类有许多种类为水果和蔬菜上的大害虫，具有相当重要的植物检疫意义。

代表种：瓜实蝇（*Bactrocera cucurbitae* Coquillett），分布于东南亚和非洲的一种实蝇，可危害多种瓜菜和水果（图 3-35，见彩插 35）。

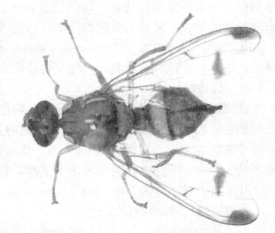

图 3-35（彩插 35）　瓜实蝇成虫背面观
（王新国/摄）

7. 花蝇科（Anthomyiidae）

外形与蝇科极相似，主要区别是本科翅脉 Cu1＋An1 直达翅后缘（少数属例外），M1＋2 脉通常直，不呈弧形或角形弯曲。花蝇体型瘦小，灰色、灰黑或灰黄色，仅少数种类具明显斑纹。一般雄虫眼合生或接近，雌虫眼离生，少数种类两性眼均远离或均接近。额除额鬃及交叉鬃外，雌虫尚有 3 根侧额鬃，1 根前倾，2 根后倾。头部构造参阅蝇科。下侧片无鬃，最多具少量细毛。足跗节 5 节，末端具爪和爪垫各 1 对及 1 个爪间突。足向两侧平展。足一般黑色，或全部棕黄色，或仅胫节棕黄色，某些种类足除具鬃外多被毛。腹部瘦长，雄性由9节组成，雌性由8节组成，后腹部在雄性中形成雄性尾器，在雌性中形成产卵管。腹板外观可见5节。雄性尾器：肛尾叶成对，或短宽或略长；侧尾叶1对，位于肛尾叶两侧，与肛尾叶合称尾叶。雌性尾器：包括整个后腹部，即由6～8节组成，每节的节间膜很长，平时收缩，伸展时呈长管状的产卵器。

代表种：萝卜地种蝇（*Delia floralis* Fallen），幼虫钻入根部取食。

8. 茎蝇科（Psilidae）

无瓣蝇类。多为小型；头部及体光滑少鬃，有"裸蝇"之称。头部离眼式，单眼三角一般较大，向前延伸至额中部甚至直达前缘；无口鬃；Sc脉在R1脉内侧有1缺刻，在Sc脉终止的顶端与C脉的缺刻处中间形成1个小的透明带，并由此向翅后缘延伸一淡痕，翅可沿此痕折屈。M1+2脉平直或下弯。

代表种：竹笋绒茎蝇（*Chyliza bambusae* Yang et Wang），幼虫蛀入竹笋及笋根。

四、鳞翅目（Lepidoptera）

1. 颚蛾科（Agathiphagidae）

小到中型的蛾子。成虫灰褐色，休止时呈陡屋脊状。外形似石蛾。幼虫无额侧片。幼虫取食贝壳杉属（*Agathis* spp.）的果实和种子。

2. 异蛾科（Heterobathmiidae）

成虫翅展约10 mm。前翅铅灰色闪紫、红及青铜光泽，许多有白色鳞片。一些种类类似毛顶蛾。幼虫潜叶，寄主为美洲山毛榉。

毛顶蛾总科（Eriocranioidea）

3. 毛顶蛾科（Eriocraniidae）

成虫翅展6～16 mm。头顶有粗糙的毛鳞；有单眼；下颚须5节，末端具刚毛。前后翅M1脉均独立。日出性，常有中等程度的彩虹闪光。幼虫潜叶，在土壤中结茧化蛹。寄主植物为桦木科。

代表种：高山毛顶蛾（*Eriocrania semipurpurella alpine* Xu），幼虫潜入白桦叶肉为害。

蝙蝠蛾总科（Hepialoidea）

4. 蝙蝠蛾科（Hepialidae）

体小至极大，翅展20～200 mm。触角短，线状至栉齿状。单眼缺，喙退化；胫节完全无距。中室内有M脉干。翅常暗褐或褐色，有时有绿色的花纹和银斑。前后翅都有肩脉，前翅有翅轭。卵小，近球形，数多，由雌蛾飞行中产于地面。幼虫蛀茎或根，或在地下做隧道。腹足趾钩多序缺环。蛹为无颚被蛹，各腹节具2排刺，第2至第6或第7节可动，无臀棘。蝙蝠蛾有部分种类感染虫草真菌后钻入土中，后真菌子实体由土中长出，这就是有名的中药材"冬虫夏草"。

代表种：柳扁蛾（*Phassus excrescens* Butler），幼虫钻蛀杨、柳等多种树木，危害幼苗或枝条。

穿孔蛾总科（也称曲蛾总科）（Incurvarioidea）

5. 日蛾科（Heliozelidae）

很小的蛾子，前翅1.7～7.0 mm，常暗而具银色的斑或横带。下颚须退化，触角很短。前翅宽于后翅，披针形，脉序很退化。日出性。幼虫大多潜叶，最后一龄筑一卵形的巢。

6. 穿孔蛾科（曲蛾科）（Incurvariidae）

前翅 3.5～9 mm，触角长为前翅的 0.4～0.8 倍。成虫常呈暗黄褐色，少数有金属光泽。下唇须 3 节，喙短。翅脉稍退化。雄外生殖器的抱器瓣上有扁平的鳞片状刺。幼虫第一龄潜叶，然后筑巢取食。

7. 丝兰蛾科（Prodoxidae）

喙长。前翅通常无金属光泽。雌蛾第 7 腹板圆形，交配囊生有一对星状的囊突。该科根据幼虫习性分为实丝兰蛾亚科（Lamproniinae）和丝兰蛾亚科（Prodoxinae）。实丝兰蛾亚科的幼虫取食蔷薇科和虎耳草科的种子或果实，然后在土壤或植物基部越冬。第二年蛀入新芽取食。丝兰蛾亚科幼虫蛀入龙舌兰科的种子或茎。幼虫取食种子，成虫为植物传粉，两者形成互利关系。

微蛾总科（矮潜蛾总科）（Nepticuloidae）

8. 微蛾科（Nepticulidae）

鳞翅目中体形最小的一科，有些种类翅展仅 3～4 mm，翅脉退化，脉序特殊。雌蛾前翅有翅轭，后翅有 1 列假翅缰，雄蛾有 1 根真翅缰。成虫相当暗，黄褐色，有的具银带和彩虹光泽。幼虫多为潜叶性，无足或趾钩。

9. 茎潜蛾科（遮颜蛾科）（Opostegidae）

极小至普通小的蛾类。前翅长为 1.8～8.3 mm。单眼缺，触角为前翅长度的 0.7～0.9 倍，线形；喙短，0.75～1.5 倍于下唇须。前翅，矛尖状，翅脉极端弱化，通常只有 4 主脉。卵圆筒状，长椭圆形，白色至黄色，约 1.1 mm，包膜光滑，透明，主要产于寄主表皮上。幼虫白色，体形极细，长 8～25 mm。蛹与微蛾科相似，翅、触角、前足达至尾端或稍微超过一点。通常在蛀道中能够发现，极少在树叶等处蛹化。日出性或夜出性。幼虫蛀入树皮下的形成层、叶肉、叶柄或花柄内取食。

冠潜蛾总科（帝氏蛾总科）（Tischerioidea）

10. 冠潜蛾科（帝氏蛾科）（Tischeriidae）

触角与前翅等长，触角上的毛形感觉器鞭毛状且弯曲，这在所有其他鳞翅目中尚未发现。翅展 5～11 mm。前翅灰白或淡黄色、黄色、青铜色、暗灰或浅黑色。卵产在叶的正面。幼虫潜叶。

代表种：栎冠潜蛾（*Tischeria deciduas* Wocke），幼虫潜入栓皮栎叶片组织，取食叶肉。

谷蛾总科（Tineoidea）

11. 谷蛾科（Tineidae）

体小，色常暗，偶有艳丽的色彩。头通常被粗鳞毛，无单眼。触角柄节常有栉毛。下颚须长，5 节。下唇须平伸，第 2 节常有侧鬃。后足胫节被长毛。翅脉分离，后翅窄。卵通常卵圆形稍扁，单产在缝隙中。幼虫单眼数目多变，常为每侧 1 个或 6 个，有时 2 个或 5 个，偶有无单眼者。趾钩单序椭圆或缺环，臀足趾钩为单序横带，胸部 L 毛常 3 根。多取食干的植物或动物材料，或取食真菌，通常在基质内筑一巢或隧道。

代表种：谷蛾（*Nemapogon granella* L.），幼虫为害粮粒外表或蛀入内部。

细蛾总科（Gracillarioidea）

12. 细蛾科（Gracillariidae）

头顶几乎总是光滑。无单眼和毛隆。喙发达；下颚须 4 节，前伸，有时退化；下唇须 3

节，通常上举。翅狭长，具长缨毛，前翅色彩常鲜艳，常有白斑和指向外的 V 形横带。小型种类，休止时体前部由前、中足支起，翅端接触物体表面，形成坐势；但也有的头部向下而腹部抬起。卵单产，黏在寄主植物组织表面。早龄幼虫扁平，具大型刀状上颚，吸食汁液；末龄幼虫上颚正常，取食薄壁组织。复变态，潜食叶片、树皮或果实。幼虫在蛀道结丝质茧化蛹。

代表种：柳细蛾（*Lithocolletis pastorella* Zeller），幼虫蛀入叶内危害。

附：橘潜蛾科（叶潜蛾科）（Lyonetiidae）

触角有眼盖，后胫节背面有一行结实的鬃。幼虫无足，潜叶为害。

代表种：柑橘潜叶蛾（*Phyllocnistis citrella* Stainton），幼虫为害柑橘的新梢嫩叶，潜入表皮下取食叶肉。该种现列入细蛾科。

巢蛾总科（Yponomeutoidea）

13. 银蛾科（Argyresthiidae）

一般体小，翅狭。前翅往往具有金属光泽的斑纹。无单眼，有眼罩。成虫静止时以头部向下，紧贴物体表面，尾部高举。幼虫钻蛀嫩茎、芽和果实，偶尔潜叶。茧白丝状。

代表种：侧柏金银蛾（*Argyresthia sabinae* Moriuli），幼虫蛀入侧柏鳞叶取食。

14. 巢蛾科（Yponomeutidae）

小到中型的蛾子，翅展 12～25 mm。单眼小或缺、无眼罩。下唇须上举，末端尖。前翅稍阔，大部分同幅，接近顶部呈三角形，翅脉大多存在而彼此分离，Rs 脉止于外缘，有副室，R 脉之前常有翅痣；后翅长卵形或披针形，Rs 和 M 脉彼此分离，中室有 M 脉残存，Ms 与 Cu 合并或共柄；前翅常有鲜艳斑纹。幼虫前胸气门前片有 3 根刚毛，腹足趾钩为缺环式。幼虫一般吐丝作巢，群居为害；也有潜叶、枝、果实为害的种类。蛹的腹气门突起呈疣状。

代表种：白头松巢蛾（*Cedestis gysselinella* Duponchel），幼虫蛀入油松针叶，在表皮下潜食危害。

15. 菜蛾科（Plutellidae）

小型蛾。有单眼，但很小。触角柄节有栉毛，休止时触角向前伸。下唇须第 2 节有呈三角形的丛毛，第 3 节尖而光滑，向上举。下颚须小，向前伸。前后翅的缘毛有时发达并向后伸，休止时突出如鸡尾状。前翅有时有浅色斑，有翅痣和副室。脉序与巢蛾相似，但后翅的 M 和 M2 脉常靠近或共柄。幼虫真蠋型，潜叶或钻蛀。本科常作为巢蛾科的一亚科。

代表种：小菜蛾（*Plutella xylostella* L.），初孵幼虫潜入叶片取食，是十字花科蔬菜的重要害虫，遍布全世界。

16. 举肢蛾科（Heliodinidae）

小型蛾子，日出性。前翅具金属光泽，后翅极窄，披针形，具宽缨毛，休止时通常后足竖立于身体两侧，高出翅面。头顶光滑，有单眼。前翅至少有 3 条脉从中室顶端分出，Rs 与 M 共柄。后足各跗节末端和胫节有轮生刺群。幼虫腹足有时退化，趾钩呈单序环。幼虫潜叶或缀叶、蛀入果实取食。蛹常扁而生有侧脊。过去记述在本科中的许多种类都是织蛾科的展足织蛾亚科（展足蛾科）的种类。两者的区别在于举肢蛾喙基部无鳞。

代表种：核桃举肢蛾（*Atrijuglans hetaohei* Yang），幼虫蛀食核桃果实，是我国核桃产区的重要害虫。

17. 潜蛾科（Lyonetiidae）

小型蛾，无单眼。触角丝状，具眼罩。前翅披针形，脉序不完全，中室细长，顶端常有1支由数条脉合并起来的脉。后翅线形，有长缘毛，Sc 脉短，Rs 脉达翅顶。卵扁平。幼虫扁或圆筒形，有腹足，趾钩单序。单眼 6 枚，分成 2 组。幼虫潜入叶片上下表皮组织内为害，叶面显出的潜痕常因种而异，因此可作为分类的参考依据。

代表种：杨白潜蛾（*Leucoptera susinella* Herrich-Schäffer），幼虫潜入叶片内为害，是杨树，特别是其幼苗的主要害虫。

18. 雕蛾科（Glyphipterygidae）

小型蛾，有些种类外形与卷蛾科相似。成虫日出性，常有金属光泽，单眼大而明显，下颚须退化或消失，下唇须上举，常超过头顶。前翅 R 脉出自中室基部，R 和 Rs 脉分离或共柄，Rs 脉止于顶角或外缘，Cu2 脉出自中室下角附近。后翅 2 A 脉基部分叉。雄第 8 腹板的侧叶与背板合并，致使第 8 背板极宽而几乎环绕腹末。卵单产。幼虫前胸气门扩大而着生在锥状突上。腹足在第 3 至第 6 节上退化，趾钩可见或消失。幼虫取食种子或蛀茎，极少数潜叶。

代表种：白钩雕蛾（*Glyphipterix semiflavana* Lssiki），危害毛竹、红壳竹的叶鞘，导致竹心叶枯萎。

麦蛾总科（Gelechioidea）

19. 木蛾科（Xyloryctidae）

前翅相对较宽，后翅不等边形，体形相对较大的小蛾类昆虫。本科在小蛾类中是体形较大的。成虫头平滑，但有鳞毛；缺单眼；触角线状或部分呈栉状；下唇须长而向上弯曲，末节短；下颚须退化。翅宽阔，前翅呈长方形，R4、R5 脉有长共同柄，R5 脉止于外缘。本科与麦蛾科的区别在于本科前翅 Cu2 脉的位置接近中室下角，而麦蛾科则偏内侧。后翅呈不等边形式卵圆形，Rs 与 M1 脉基部靠近或共柄，这一点与织蛾科易于区别，因为织蛾科 Rs 和 M1 是彼此分离的，M2 脉基部距 M3 脉比 M1 脉近。前、后翅 M3 和 Cu1 脉常共柄。本科昆虫通称木蛾，又名堆砂蛀蛾科，因为其中有的种类蛀食植物枝茎，并在蛀孔周围吐丝结粪粒如堆砂状。但这一科名较长，而且本科一般幼虫多卷叶或缀叶为害，学名原意是木挖掘者，故现名为木蛾科。

代表种：茶木蛾（*Linoclostis gonatias* Meyrick），幼虫钻蛀茶树、油茶、相思树等茎干分叉处。

20. 织蛾科（织叶蛾科）（Oecophoridae）

体经常呈褐色。触角短，仅为前翅的 3/5，个别种类略超过前翅。下唇须长，向上弯曲，超过头顶，第 3 节与第 2 节等长。前翅 R4 和 R5 脉长共柄，其他各脉分离，1A 脉存在，2A 脉基部分叉，翅顶椭圆形。后翅 Rs 和 M1 脉分开，但接近平行，是本科与麦蛾科、木蛾科的主要区别；M2 脉基部距 M3 脉比 M1 脉近，M2 与 M3 脉接近平行，是本科与草蛾科的区别；Cu1 脉与 M3 脉同出一点并共柄。幼虫多缀叶、卷叶或在植物组织中为害。

代表种：油茶织蛾（*Casmara patrona* Meyrick），幼虫蛀入油茶和茶树枝干或主干。

21. 小潜蛾科（小微蛾科）（Elachistidae）

小型蛾子，许多种类前翅白色或灰色，具各种暗褐色的斑纹，有一些则为暗色具白色的花纹；单眼常无；下颚须很短；下唇须长，前伸到上举，或短而下垂。常有眼罩；前翅相对宽到窄；后翅窄，Rs 几乎总是伸到翅顶，远离 Sc＋R1 脉。成虫大多日出性，幼虫潜叶，寄主为单子叶植物，少数幼虫蛀茎。幼虫大多在蛀道外结茧化蛹。

代表种：小潜蛾（*Stenoma catenifer* Walsingham），为害果实中的种子。

22. 绢蛾科（Scythridae）

小型蛾子，常色暗，有时浅灰色。翅窄，中室很长，R1脉短，出自中室中点以远，R4与R5共柄，1A脉存在，2A脉基部不分叉；后翅前缘中部凸出，Sc+R1脉长，Rs与M1脉接近平行，M2与M3脉同出一点或共柄；腹部宽，特别是雌蛾。有的蛾子无飞行能力；休止时翅下垂。卵椭球形，顶部和基部扁平。幼虫具明显的次生刚毛，趾钩双序、三序或多序，环状或缺环状。幼虫通常结网取食芽或叶，但也有潜叶或缀叶的。

代表种：中华绢蛾（*Scythris sinensis* Felder et Rogenhofer）。

23. 尖蛾科（尖翅蛾科）（Cosmopterygidae/Lavernidae）

体形很小的种类，常有鲜艳的色彩。喙发达。触角与前翅等长或相当其3/4。下唇须上举，末节细长而尖。前翅细长，披针形，中室长，R1脉出自中室不及3/4处，R4、Rs共柄，Rs达前缘，M常参与共柄；Cu1与Cu2接近平行且等长。后翅较前翅窄，披针形或线状。幼虫圆筒形，潜叶、卷叶或蛀入果、茎中造成植物枯萎，或捕食介壳虫。头不扁，胸足发达；腹足位于腹部第3至第6节，趾钩不发达，臀足无趾钩。

代表种：茶梢尖蛾（*Parametriotes theae* Kuz.），幼虫蛀入茶叶片为害。

24. 麦蛾科（Gelechiidae）

头顶常平滑，单眼常存在，较小。触角简单，线状，雄性常有短纤毛，柄节一般无栉。下颚须4节，折叠在喙基部之上。下唇须3节，细长，第2节常加厚具毛簇及粗鳞片。前翅广披针形，无翅痣，R4与R5常共柄，R5达顶角前缘。后翅顶角凸出，外缘弯曲成内凹，Rs与M1通常在基部接近或共柄。雌翅缰一般3根。卵椭圆形。幼虫每侧有单眼4～6个，腹部趾钩双序缺环或二横带。幼虫取食方式多变，有的缀叶、卷叶，有的潜叶、蛀茎，还有的取食种子、果实及干枯植物等；常结茧化蛹。

代表种：马铃薯块茎蛾（*Phthorimaea operculella* Zeller），幼虫从马铃薯叶片上潜入叶内为害，在块茎上则从芽眼蛀入。

25. 鞘蛾科（Coleophoridae）

一般暗色，缺少花斑。头部光滑；触角细长，静止时多向前直伸；下唇须一般或长，向上举；无下颚须。翅披针形，中室狭长而倾斜，脉减少，缘毛长。前翅翅脉不超过11条，后翅比前翅狭。幼虫灰白色，具微小刚毛，胸足3对，腹足有或无，趾钩单序。幼虫期为害植物叶、花、果实和种子，从外面取食或潜叶，但不钻蛀茎或卷叶，幼龄幼虫先潜叶，稍长即结鞘，取食时身体部分伸出鞘外。鞘有长筒形、棱形、卷贝形、手枪形等，其形状和颜色有助于识别种类。越冬幼虫常以鞘附着在寄主植物上，在鞘内化蛹。

代表种：兴安落叶松鞘蛾（*Coleophora dahurica* Falkovitsh），幼虫蛀入兴安落叶松等松树的叶内取食。

木蠹蛾总科（Cossoidea）

26. 木蠹蛾科（Cossidae）

小到大型种类，翅一般为灰或褐色，有时奶油色；腹部长，体粗壮，常含大量脂肪；触角通常为双栉状，或为单栉或线状；喙非常短或缺；翅脉几乎完整，M脉强，常在前翅中室内分叉，后翅内的M干也常分叉。卵扁或立式。幼虫真蠋型，头宽，上颚大。腹足趾钩

1～3序，缺环，环或横带。蛹长，腹部有两列刺。

幼虫一般在林木、果树枝干中蛀食危害，少数在根内危害，以丝和木屑结茧化蛹。一般2～3年完成1代。

代表种：咖啡豹蠹蛾（*Zeuzera coffeae* Nietner），幼虫蛀入树葡萄［*Plinia cauliflora*（Dc.）Kausel］枝干内为害（图3-36，见彩插36）。

图3-36（彩插36） 咖啡豹蠹蛾成虫侧面观
（娄定风/摄）

附：**拟蠹蛾亚科**（Metarbelinae）**原为拟木蠹蛾科**（豹蠹蛾科）（Metarbelidae）

花纹颜色类似其他木蠹蛾，但绝大多数缺翅缰，两翅均无 Cu 脉，前翅无 M 干。无喙，两性触角均双栉状。

幼虫多于树干分叉处钻蛀树干，匿居在隧道中，夜出取食树干皮层，严重受害的影响植株生势，甚至整株死亡。

代表种：荔枝拟木蠹蛾（*Arbela dea* Swinhoe），幼虫蛀入桉树（*Eucalyptus* spp.）等树种的树干木质部。

27. 伪蠹蛾科（银斑蠹蛾科）**（Dudgeoneidae）**

前后翅中室内 M 干发达。前翅有副室，A 脉 2 条，后翅 A 脉 3 条。腹基部第 1、第 2 腹板有一鼓膜听器。

代表种：伪蠹蛾（*Dudgeonea actinias*），幼虫在猪肚木属（*Canthium* spp.）植物茎干上蛀洞。

卷蛾总科（卷叶蛾总科）（Tortricoidea）

28. 卷蛾科（Tortricidae）

小到中型，绝大多数种类色暗，少数颜色鲜明。头通常粗糙，单眼常有。有毛隆，触角一般线状，但偶尔栉状；柄节无栉毛；雄性触角基部有的具切刻或膨大变扁。前后翅大约等宽；前翅的形状变异很大，有时同一种的雌雄间也有差异。雄蛾的前后翅都可能有与发香有关的褶区；许多种类的雄蛾都有前缘褶。卷蛾亚科的一些雌蛾在休止时呈吊钟状。小卷蛾亚科和长须卷蛾族的后翅通常生有肘栉。卵扁平、椭圆形，中央略隆起；有的呈鳞片状，也有的球状。幼虫头部每侧有 6 个单眼，前胸有 L 毛 3 根；腹部 1 至 8 节的 L1 与 L2 相互靠近。腹足完全，趾钩单序、双序或三序环。肛门上方常有臀栉。蛹为无颚被蛹，腹部数节可动。大多数腹节常有背刺，第 2、第 3 腹节前缘附近常有横沟或陷。常在幼虫的隐蔽场所内化蛹。

本科昆虫通称卷蛾，因在幼虫时期往往卷叶为害而得名。实际上，除卷叶为害外，这一类昆虫有的在树皮下蛀食坑道，有的蛀梢，也有的为害植物的花、果实、种子和根。

代表种：苹果蠹蛾（*Cydia pomonella* L.），幼虫钻蛀苹果果实为害，为我国进境植物检疫性昆虫。

附：**小卷蛾亚科**（Olethreutinae）**原为小卷蛾科**（Olethreutidae）

阳茎轭片与阳茎端膜合并，抱器瓣基部有孔穴。前翅前缘无折叠，R1 与 Rs 分离，M2、M3 与 Cu1 在边缘互相接近，Cu2 约从中室下缘近中部处分出。后翅 Cu 脉上有长的梳状毛。幼虫多为蛀果的种类，卷叶的种类较少。趾钩单序或双序，环形。

代表种：葡萄花翅小卷蛾（*Lobesia botrana* Denis & Schiffermuller），幼虫蛀入葡萄等

果实为害，为我国进境植物检疫性昆虫。

附：细卷蛾科（Cochylidae）

体小至中型。单眼小；下唇须前伸。一般特征与卷蛾科十分近似。但有些种类前翅特别狭长。前翅中带方向与卷蛾恰恰相反，不是由前缘基部斜向臀角，而是与外缘平行由顶角斜向后缘基部。无肛上纹，另外 Cu2 出自中室下角接近 1/4 处。后翅中室 Cu 基部无栉毛。幼虫钻蛀、缀叶为害草本植物的花、种子和根。

代表种：亚麻细卷蛾（*Diceratura* sp.），幼虫蛀食亚麻蒴果和籽粒。

蝶蛾总科（Castnioidea）

29. 蝶蛾科（Castniidae）

中至大型蛾类。翅展 24～190 mm。后翅：雄性有 1 个翅缰，雌性有 3～16 个翅缰。色泽鲜丽，日出性种类，外形似蝴蝶，与弄蝶科特别相似。单眼大；喙发达或稍退化，稀有强度退化者；下唇须通常上举。中室内有 M 干，连锁器为翅缰型。雄蛾阳茎弯曲，雌蛾产卵器延长。幼虫粗壮，圆筒状，幼虫期长达 2 年。卵竖立式，扁平。蛹长圆筒形。幼虫潜入植物茎干内取食。

透翅蛾总科（Sesioidea）

30. 透翅蛾科（Sesiidae）

小到中型，翅狭长，通常有无鳞片的透明区，极似蜂类。喙裸；头后缘有一列毛隆；单眼大。触角端部在生刚毛的尖端之前常膨大，有时线状、栉状或双栉状。前、后翅有特殊的、类似膜翅目的连锁机制，腹末有特殊的扇状鳞簇。白天活动，色彩鲜艳。幼虫真蠋型，腹足较退化，趾钩单序横带。蛹无臀栉。卵单产在寄主植物的缝隙内或堆产在寄主附近的地面上。幼虫主要蛀食树干、树枝、树根或草本植物的茎和根，极少做虫瘿。委内瑞拉有 2 种取食蚧虫。结茧或不结茧，在蛀道内或土壤中化蛹。

代表种：杨干透翅蛾（*Sphecia siningensis* Hsu），幼虫蛀入箭杆杨等树干木质部为害。

斑蛾总科（Zygaenoidea）

31. 斑蛾科（Zygaenidae）

小到中型蛾子，色彩常鲜艳，绝大多数日出性。毛隆极大，横形，经常在背面几乎接触，有喙，翅多有金属光泽，少数暗淡，中室内有简单或分支的 M 脉主干。前翅中室长，R5 脉独立。后翅 Sc＋R1 与 Rs 合并到中室末端之前或有一横脉与之相连，有些种类后翅有尾突，似蝴蝶状。幼虫体粗短，纺锤形，毛瘤上被稀疏长刚毛，腹足完全，趾钩半环形。

代表种：梨星毛虫（*Illiberis pruni* Dyar），幼虫于梨花开始绽放期钻入梨树花芽内蛀食花蕾或芽基。

粪蛾总科（曲须蛾总科）（Copromorphoidea）

32. 蛀果蛾科（Carposinidae）

额光滑，头顶具粗鳞；单眼和毛隆缺；雄蛾触角具长而密的纤毛，雌蛾纤毛则短；喙短；下唇须 3 节，雄蛾上举；雌蛾第 3 节较长，前伸；前翅较宽，前缘拱，正面具直立鳞片簇，R5脉到外缘。后翅中等宽，M1 脉弱或消失，M2 脉消失，Cu1 脉基部具栉鳞。卵单产，幼虫趾钩为单序环式、蛀果、树皮、树枝、茎或做虫瘿，有些种类潜叶。幼虫前胸具 2 根侧毛。

代表种：桃蛀果蛾（*Carposina sasakii* Matsumura），为我国北方十多种果树的重要害虫，该虫幼虫蛀入果实为害。

邻蛾总科（Epermenioidea）

33. 邻蛾科（Epermeniidae）

本科不与任何其他类群共有特化特征，它们一直被作为一个独立的总科。它们不属于巢蛾总科，因为它们的幼虫前胸具 2 根而不是 3 根侧毛，蛹在羽化时不伸出，雄蛾第 8 腹节无侧板叶。该科是一些非常小而又很暗的狭翅种类，无单眼和毛隆。触角柄节有许多鳞片，但没有栉毛。喙裸，下颚须 3 节，折叠在喙基部，下唇须上举。后胫节长满了硬刚毛。前翅后缘有直立的鳞片簇。前翅 R4 或 R5 可能消失，R5 达外缘。腹部 2～7 节背板可有刺或无刺。雌蛾前表皮突基部分叉。卵为卵圆形，幼虫前胸侧毛 2 根，趾钩单序环状。蛹无背刺。幼虫蛀芽、果实和种子，还有一些幼虫早期潜叶，然后裸露取食。

代表种：邻蛾（*Epermenia chaerophyllella*），幼虫钻蛀伞形花科植物的叶片。

翼蛾总科（Alucitoidea）

34. 翼蛾科（Alucitidae）

常称为多羽蛾，前翅分为 6 片，后翅分为 6～7 片，很易识别。小到中型。幼虫蛀入花、芽、种子、叶、新梢或茎内取食。前胸侧毛 2 根，腹足短，趾钩相对少，单序环。

翼蛾科的系统发育关系尚不明确，有的分类学家将它独立为一个总科。该科曾被放入螟蛾总科和粪蛾总科，但该科很可能是窄翅蛾科的姐妹群。

羽蛾总科（Pterophoroidae）

35. 羽蛾科（Pterophoridae）

中小型蛾类，体纤弱。前后翅深纵裂，前翅狭长，翅端分裂为 2～4 片，分裂达翅中部；后翅分裂 3 片，常分裂达翅基部，每片均密生缘毛如羽毛状。体细瘦，常呈白、灰、褐等单一颜色，花斑多不明显。下唇须较长，向上斜伸；下颚须退化；单眼缺或甚小；触角长，线状。足极细长，后足显著长过身体；有长距，距基部有粗鳞片。前翅 R 脉位于第 1 裂片，后翅 Sc 和 R5 脉越过中室后紧密平行然后分离，支持第 1 裂片；M1、M2 脉短而弱，伸至分裂处；M3 和 Cu1 脉支持第 2 裂片；A 脉 1～2 条，支持第 3 裂片。有趋光性。静止时前、后翅纵折重叠成一窄条向前方斜伸，与瘦长的身体组成 Y 形或 T 形。幼虫长圆筒形，头常缩入前胸；腹足细长，趾钩成单序环或中带，有次生刚毛或毛丛，常集聚在小瘤上。蛹狭长而腹面平，体表多毛和毛瘤。羽蛾不善飞；夜间活动，白天常停在植物上休息；休息时翅向外伸，并卷成棒状，而不折向背。幼虫卷叶或蛀入茎内，习性不一。成虫飞翔力强，白天活动，也有在傍晚或夜间活动的。幼虫习性不一，有蛀茎、蛀花、蛀果，卷叶等，或者在叶片上取食咬成洞孔。

代表种：羽蛾（*Platyptilia carduidactyla*）。

网蛾总科（Thyridoidea）

36. 网蛾科（Thyrididae）

小至中型蛾类，其分类地位尚不明确，有人认为它介于钩翅蛾科与螟蛾科之间，并认为它是蝴蝶的祖先，从其幼虫或成虫的生活习性，实似螟蛾。绝大部分产于热带和亚热带地区。此科特征：喙发达，下颚须退化，前翅外线分叉，M2 及 M3 从中室顶端伸出，R1 到 Cu2 都从中室伸出，翅外缘往往有缺刻，翅上有网状纹，少数有透明窗形斑（曾名窗蛾），色泽鲜艳，带有银色或金色光泽。成虫喜在日光中飞翔，喜在伞形花科及山萝卜花上停息；幼虫钻蛀在植物茎内部，也有用植物筑成风兜状或袋形构造，隐居其中。

代表种：尖尾网蛾（*Thyris fenestrella* Scopli）。

螟蛾总科（Pyraloidea）

37. 螟蛾科（Pyralidae）

小至中型蛾类。触角通常线状，偶有栉状或双栉状。喙发达，基部被鳞。下唇须3节，前伸或上举。翅一般相当宽，有些种类则窄。前翅R3与R4常共柄，偶尔合并。后翅Sc＋R1与Rs在中室外短距离愈合或极其接近，这是该科的鉴别特征。腹部基部有鼓膜器。

卵鳞片状、卵状或圆柱状。幼虫通常圆柱状，趾钩通常双序或三序，有时单序，排列成环状、缺环或横带。有时有丝状鳃。幼虫主要为植食性，取食活体植物或干的植物组织，但有些种类也取食蜂蜡和可可。幼虫通常陆生，也有水生。蛹通常光滑或具刻点，腹部无刺。

图3-37（彩插37） 印度谷螟成虫背面观
（王新国/摄）

螟蛾科的害虫大体可分为4种类型：第一类是卷叶为害，如水稻上的稻纵卷叶螟；第二类钻蛀茎秆，如玉米上的大害虫玉米螟，水稻上的稻螟虫；第三类是蛀食果实和种子，如为害梨树的梨大食心虫；第四类是取食贮藏物的，如紫斑螟等。

代表种：印度谷螟（*Plodia interpunctella* Hubner），其幼虫蛀食粮食，为世界性分布的大害虫（图3-37，见彩插37）。

附：蜡螟亚科 Galleriinae 原为蜡螟科 Galleriidae

额具锥状鳞片丛。无单眼及喙。下颚须丝状，鳞片丛非三角形，雌小，雄不明显。下唇须：雌长，雄短，第三节通常退化。有鼓膜。前翅R3-4-5共柄；3A端部与2A愈合，2A基部呈叉状。后翅Sc＋R1与Rs在中室外分离，极少仅部分愈合；Cu基部具栉毛；有3臀脉。翅缰雌者数支，雄者单一。

代表种：米蛾（*Corcyra cephalonica* Stainton），为害粮食、油料、各种干果、生药材等，幼虫喜食谷类，尤其是大米。

夜蛾总科（Noctuoidea）

38. 夜蛾科（Noctuidae）

中等至大型蛾类。喙多发达，下颚须普遍存在，前伸或上举，少数向上弯至后胸；多有单眼；触角大多线形或锯齿形，有时呈栉状；前翅肘脉四叉型，一般有副室；后翅四叉型和三叉型，Sc＋R1与Rs有部分合并，但不超过中室之半。体色一般较灰暗，热带和亚热带地区常有色泽鲜艳的种类；腹基部有反鼓膜巾。卵立式，通常圆屋顶状具明显的竖条纹，有时具弱暗的横脊。幼虫大多无次生刚毛，通常有完整的腹足，但有的亚科第一对或第一、二对腹足退化或消失。趾钩多为单序，也有双序。身体常有纵条纹。蛹在臀棘上生有钩状刚毛，幼虫刚毛不混入茧中。幼虫植食性，有时肉食性，少数粪食性；一些食叶，另一些蛀茎、果和根。

代表种：一点金刚钻（*Earias pudicana pupillana* Stauding），为害毛白杨等，幼虫能钻入顶芽为害。

凤蝶总科（Papilionoidea）

39. 灰蝶科（Lycaenidae）

小型美丽的蝴蝶，极少为中型种类。翅正面常呈红、橙、蓝、绿、紫、翠、古铜等颜色，颜色单纯而有光泽；翅反面的图案和颜色与正面不同，是分类上的重要特征。复眼互相接近，周围有一圈白毛。触角短，每节有白色环。雌蝶前足正常，雄蝶前足正常或跗节及爪退化。前翅 R 脉常只有 3～4 支；后翅大多无肩脉，有时有 1～3 个尾突。卵半圆球形或扁球形，精孔区凹陷，表面布满多角形雕纹，散产在寄主植物的嫩芽上。幼虫蛞蝓型，第 7 背板常有腺体开口，其分泌物为蚂蚁所好，与蚂蚁共栖。蛹为带蛹。寄主多为豆科植物，也有捕食蚜虫和介壳虫的。

代表种：石榴小灰蝶（*Deudorix Isocrates* Fabricius），幼虫蛀入石榴果实为害，为我国进境植物检疫性昆虫。

Whalleyanoidea 总科

40. 华蛾科（Whalleyanidae）

代表种：梨瘿华蛾（*Sinitinea pyrigolla* Yang），幼虫蛀入当年生嫩枝为害。

总科不详：

41. 辉蛾科（Hieroxestidae）

代表种：蔗扁蛾（*Opogona sacchari* Bojer），幼虫蛀食巴西木的皮层、茎秆，咬食新根，为我国进境植物检疫性昆虫。

五、膜翅目（Hymenoptera）

叶蜂总科（Tenthredinoidea）

1. 三节叶蜂科（Argidae；Argid sawflies）

体长 5～15 mm。头部横宽。上颚不发达；具额唇基缝。触角 3 节，第 3 节长棒状或音叉状；前胸侧板腹侧尖，不相接；小盾片发达，无附片。侧腹板沟显著，无胸腹侧片；中后胸后上侧片显著鼓凸；后胸侧板小，与腹部第 1 背板愈合，其明显的愈合线；胫节无端前距或中后足各具 1 个，基跗节较发达；前足胫节具 1 对简单的端距；前翅无 2R 脉，Cu-A 脉位于 M 室中部附近，臀室中部极宽地收缩，或基臀室开放。后翅具 5～6 个闭室，臀室有时端部开放。腹部不扁平，无侧缘脊。产卵器短，有时很宽大。副阳茎宽大。幼虫多足型，腹部具 6～8 对足，常具侧缘瘤突；触角 1 节；常裸露食叶，少数潜叶或蛀食嫩茎。有些幼虫取食时腹端翘而弯。许多种类一年发生数代，在植物上结茧化蛹。成虫行动迟缓。

代表种：杜鹃三节叶蜂（*Arge similis* Vollenhoven），为杜鹃花上的常见害虫（图 3-38，见彩插 38）。

图 3-38（彩插 38）　杜鹃三节叶蜂成虫背面观
（王新国/摄）

2. 叶蜂科（Tenthredinidae）

触角9节，第3节短。前胸背板后缘深深凹入。前翅横脉2R有或无。后颊在口窝后不相遇。小盾片有很明显的后小盾片。前胫节有2端距。幼虫大多数生活与寄主植物外表，但有些生活于茎、果实或虫瘿中，还有一些营潜叶生活。

代表种：李叶蜂（*Hoplocampa flava* L.），幼虫钻入果实直至果核为害。为我国进境植物检疫性昆虫。

3. 梨室叶蜂科（四节叶蜂科）（Blasticotomidae）

体长5～9 mm。头部短宽，具额唇基缝。触角短小，3～4节，第3节长棒状，若有第4节则十分短小。前胸侧板短小，腹面尖，几乎不接触。中胸小盾片无附片，中胸侧腹板沟发育，腹前桥狭窄。后胸侧板与腹部第1背板愈合，具愈合缝。中、后足胫节无端前距。翅脉有退化倾向，不伸达翅缘；前翅M室梨形，具短而显著的背柄，翅痣短宽，具2R脉，Cu-A脉位于M室外侧，臀室完整。后翅具7个闭室，臀室完整。腹部第1背板具中缝。雄外生殖器直茎型，阳茎瓣具细长端丝，侧突近阳茎瓣柄基端。幼虫寡足型，无腹足，腹部8～9节各具1对侧突，腹端节具1对亚臀肢；触角6节。幼虫钻蛀真蕨目（Filicales）植物的茎，蛀孔外具核桃般大小的球形泡沫，易于识别。幼虫在寄主茎中化蛹，不结茧。

树蜂总科（Siricoidea）

4. 树蜂科（Siricidae）

体中大型，长12～50 mm。头部方形或半球形，后头膨大，具口后桥；口器退化。触角丝状，12～30节，第1节通常最长，鞭节有时侧扁。前胸背板短，无长颈；横方形，后缘凹入部分较浅。翅基片无。中胸背板前叶和侧叶合并；小盾片无附片；中胸侧腹板前缘的腹前桥狭窄；中胸侧板和腹板间无侧沟。后胸背板具淡膜区，侧板发达，与腹部第1背板结合，结合缝显著；前足胫节具1端距，后足具1～2个端距，无端前距。前翅前缘室狭窄，翅痣狭长，纵脉较直，具2R脉，1M室内上角柄短或无，1R1室与1M室接触面短或缺，Cu-A脉不靠近1M脉，臀室完整，亚基部收缩。后翅常具5个闭室；前后翅的R1室端部有退化趋势。腹部圆筒形，无缘脊，第1节背板具中缝，末节背板发达，具长突。产卵器细长，伸出腹端很长，锯刃退化。幼虫触角1节，胸足退化，无腹足，具肛上突。该科分2亚科：树蜂亚科（Siricinae）和扁角树蜂亚科（Tremecinae）。前者幼虫生活于松科植物；后者幼虫生活于木本被子植物茎干上。成虫不取食，卵产于树皮下、树皮鳞隙或木质部中。幼虫蛀茎，在木质部营钻蛀生活，啮食，常引起真菌寄生，导致木材工艺价值降低。危害严重时常使树木枯死。生活期为2～4年，有时达5～8年；老熟后在茎内做蛹室化蛹，蛹期短，1～2周。

代表种：云杉树蜂（*Sirex noctilio* Fabricius），主要危害松属（*Pinus*），特别是辐射松（*P. radiata*），也危害云杉属（*Picea*）、冷杉属（*Abies*）、落叶松属（*Larix*）以及花旗松（*Pseudotsuga menziesii*）等树木。幼虫蛀入心材，对树木危害严重。云杉树蜂现为我国进境植物检疫性有害生物（陈乃中等，2009）（图3-39，见彩插39）。

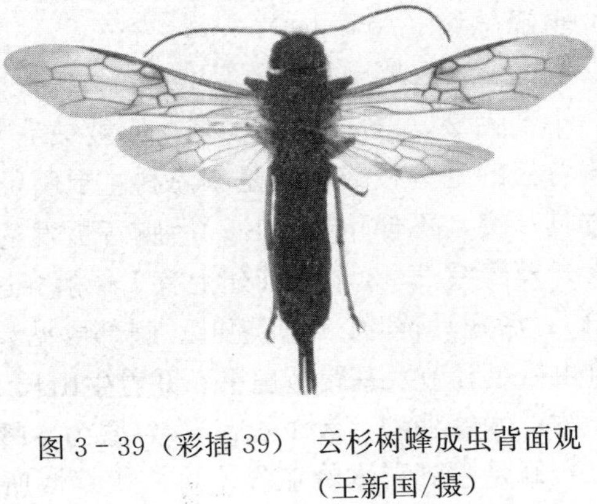

图3-39（彩插39）　云杉树蜂成虫背面观

（王新国/摄）

5. 长颈树蜂科（Xiphydriidae）

体长 5～25 mm。头部亚球形，后头膨大；具口后桥。上颚短宽，具多个内齿。触角窝下位，互相远离。触角丝状，11～19 节，第 1 节最长。前胸侧板长大，外观长颈状。前胸背板中部狭窄，侧叶发达。中胸背板具横沟，小盾片无附片。中胸侧腹板前缘的腹前桥狭窄；中胸侧板和腹板间具宽沟。后胸背板具淡膜区；侧板发达，与腹部第 1 背板结合，结合缝显著。前足胫节具 1～2 个端距，后足具 2 个端距，无端前距。前翅前缘室发达，翅痣狭长，纵脉较直，具 2R 脉，1M 室内上角具长柄，1R1 室与 1M 室接触面长，Cu-A 脉靠近 1M 脉，臀室完整，亚基部收缩。后翅至少具 6 个闭室。腹部较扁，两侧具缘脊，第 1 节背板具中缝，末节简单。锯鞘短，稍伸出腹端。幼虫触角 3 节，无腹足，胸足退化。

幼虫行钻蛀生活，寄主主要为杨柳科、桦木科、榆科等植物，常一年一代。

6. 杉蜂科（Syntexidae）

代表种：北美有雪松香杉蜂（*Syntexis libocedrii* Rohwer），分布于太平洋沿岸美国各州。成虫长 8～14 mm。幼虫钻入香杉树（*Calocedrus decurrens*），即北美翠柏木材内。

茎蜂总科（Cephoidea）

7. 茎蜂科（Cephidae）

体型纤细，长 4～20 mm。头部近球形，具口后桥；上颚粗壮，2～3 齿；下颚片扩大，在腹面汇合成下颚桥；上唇退化。触角着生于颜面中上部，近复眼上缘，长丝状，16～35 节，第 1 节较长；后头延长；前胸背板长大，后缘近平直或具浅弱缺口；中胸前盾片小，盾侧凹浅，小盾片发达，无附片；无胸腹侧片；无淡膜区。前足胫节具 1 端距，中后足各具 2 端距，中后足胫节有时具端前距。前翅纵脉较直，Sc 脉消失，前缘室狭窄，翅痣狭长；1R 和 2R 脉存在，1M 室背柄短小，Cu-A 脉基位，臀室完整，基部不收缩。后翅至少具 5 个闭室，翅钩除端丛外，前缘中部附近还散生数个翅钩。腹部筒形或显著侧扁，第 1～2 节间明显缢缩，第 1 节具中缝和膜区，基部与后胸愈合。产卵器较短，但端部伸出腹端；锯腹片有锯刃。雄外生殖器直茎型，阳茎瓣背侧联合。幼虫无腹足，胸足退化，触角 4～5 节，腹部具肛上突。茎蜂幼虫蛀食植物茎秆。茎蜂属（*Cephus* spp.）的雌蜂在禾本科植物花序下方产一粒卵，幼虫向下蛀食，直至近地面处，在该处织一薄茧，以预蛹越冬，翌春化蛹，受害禾谷仍能抽穗，但因茎秆受损，常没有收成。

代表种：麦茎蜂［*Cephus pygmaeus* (Linnaeus)］，幼虫钻蛀小麦茎秆，危害严重时整个茎秆被食空，曾是欧洲重要害虫之一，也曾传入美国。

蜜蜂总科（Apoidea）

8. 蜜蜂科（Apidae）

小到大型，2～39 mm。多数体被绒毛或由绒毛组成的毛带，少数光滑，或具金属光泽；中胸背板的毛分枝或羽状是本总科主要特征。触角雌性 12 节，雄性 13 节。前胸背板短，后侧方具叶突，不伸达翅基片；后胸背板发达。翅发达；前后翅均有多个闭室，但前翅翅室变化大，亚缘室 2～3 个；前翅上有 1 径褶穿过 1M-Cu 横脉上的气泡（在其他细腰亚目中穿过 M 脉）；后翅具臀叶，常有轭叶。腹部可见节雌性 6 节，雄性 7 节。前足基跗节具净角器，多数雌虫后足胫节及基跗节扁平，并着生由长毛形成的采粉器，一些种转节及腿节具毛刷。

附：木蜂亚科（Xylocopinae）**原为木蜂科**（Xylocopidae）

木蜂是蜜蜂科木蜂亚科木蜂族木蜂属所有种类的统称。体粗壮，黑色或蓝紫色具金属光泽。胸部生有密毛，腹部背面通常光滑。触角膝状。单眼排成三角形。上唇部分露出，下唇舌长。足粗，后足胫节表面覆盖很密的刷状毛；前、中足胫节有1距，后足有2距。翅狭长，常有虹彩。腹部无柄，雌蜂尾端有1粗短的刺藏于毛中。营独居生活，常在干燥的木材上蛀孔营巢，巢室为1列，由木屑、植物碎片等掺以唾液作成室壁。对木材、桥梁、建筑、篱笆等为害很大。

代表种：紫翅木蜂（*Xylocopa violacea* L.），成虫能蛀木材、竹子等，主要分布于中国及周边地区（图3-40，见彩插40）。

图3-40（彩插40）　紫翅木蜂成虫
（王新国/摄）

小蜂总科（Chalcidoidea）

9. 广肩小蜂科（Eurytomidae）

微小至中型，体长1.5～6.0 mm，体粗壮至长形，体上常具明显刻纹。体通常黑色无光泽，少数带有鲜艳黄色或有微弱金属光泽；触角窝深；触角11～13节，着生于颜面中部；雄蜂触角索节上时有长轮毛；前胸背板宽阔，长方形，故名"广肩小蜂"；中胸背板常有粗而密的顶针状的刻点，盾纵沟深而完全；并胸腹节常有网状刻纹；前翅缘脉一般长于痣脉；痣脉有时很短。跗节5节；后足胫节具2距；腹部光滑；雌蜂腹部常侧扁，末端延伸呈犁头状，产卵管刚伸出；雄蜂腹部圆形，具长柄。

代表种：苜蓿籽蜂（*Bruchophagus roddi* Gussakovskiy），幼虫钻蛀苜蓿种子，为我国进境植物检疫性昆虫。

10. 长尾小蜂科 Torymidae

体一般较长，不包括产卵器长为1.1～7.5 mm，连产卵器最长可达16.0 mm，个别长为30 mm。体多为蓝色、绿色、金黄色或紫色，具强烈的金属光泽，通常体上仅有弱的网状刻纹或很光滑。触角13节，多数环状节1节，极少数2节或3节。前胸背板小，背观看不到；盾纵沟完整，深而明显。前翅缘较长，痣脉和后缘脉较短，痣脉上的爪形突几乎接触到翅前缘。跗节5节；后足腿节有时膨大并具齿。腹部一般相对较小，呈卵圆形略侧扁；腹柄长；第2背板长。雌产卵器显著外露。大痣小蜂亚科少数为食虫性，单个外寄生于植物致瘿昆虫；多数为植食性，常为害蔷薇科、松科、柏科和杉科等植物的种子。种子被害后，胚乳被吃光，不能发芽，影响造林用种且有传播的危险。

代表种：柳杉大痣小蜂（*Megastigmus cryptomeriae* Yano et Kogama），幼虫钻蛀柳杉种子。

11. 榕小蜂科（无花果小蜂科）（Agaonidae）

榕小蜂科属于非常特殊化的类群，雌雄异型。雌虫多具翅，而雄性无翅，有尖锐的伸缩自如的腹部，有的雄虫腹部末端膨大，具小钩或丝状突起。雌虫头部横形，具深且宽的纵凹陷；足短而粗大，前、后足腿节较长而胫节较短；雄的前足特别发达，呈开掘型；雌性上颚，或下须具锯齿状附器；体常呈黑或褐色。寄主为无花果属植物。

代表种：对叶榕榕小蜂（*Ceratosolen solmsi marchali* Mayr），寄生在对叶榕果实中。

第三节　钻蛀性昆虫的危害

与一般食叶性害虫及取食汁液的昆虫相比，钻蛀性昆虫对植物的危害更加严重。在一般情况下，一株植物上的叶子数量多于其生长所需，因此在少量叶片被害后，几乎不会影响植物的正常生长；而稍多叶片受害后，植物可以通过其他叶片更加旺盛的生长来补偿所失去叶片的不足；只有在大量叶片受到危害后，植物本身才会受到明显伤害；即便是害虫食叶造成缺刻，也可能激活植物防御系统，导致叶片枯黄或落叶，从而避免病害的侵入。相比较而言，钻蛀性昆虫首先是危害植物的繁殖器官，如花、果实和种子，直接消减植物下一代的数量；其次危害植物的根、主干和枝干等主体器官，直接影响植物营养成分传输，并因此造成创伤，引起害虫、线虫、真菌和细菌的次生感染，加速植物的衰弱，甚至导致植物死亡。正因为如此，钻蛀性昆虫在农林业和植物检疫上都具有更加重要的意义。在中华人民共和国农业部2007 年 5 月 28 日颁布的《中华人民共和国进境植物检疫性有害生物名录》的昆虫中，146 种属昆虫中有 105 种属为钻蛀性昆虫，占 71.9%，由此可见钻蛀性昆虫危害的严重性。

一、对森林的危害

在森林害虫中，钻蛀性昆虫占据着大多数种类，且很多类群中还出现了臭名昭著的大害虫。

松墨天牛（*Monochamus alternatus* Hope）是分布于我国很多地方的一种针叶树害虫（河南林业厅，1988）。在正常情况下，几千万年来，昆虫与其寄主已建立了一种动态平衡，即松树上虽然存在松墨天牛的危害，但只有个别衰弱树会因此缓慢枯死，周围松树可能长得更好，森林里的松墨天牛种群基本保持稳定，而松林也仍能保持正常持续生长。然而，随着松材线虫（*Bursaphelenchus xylophilus*）的传入，一切平衡被打破了：松材线虫可以借助松墨天牛的危害进行传播，而松材线虫因能阻止营养传导造成松树快速枯死，而死亡的松树会滋生更多的松墨天牛，导致松墨天牛种群数量快速增加，由此形成了一个由松墨天牛与松材线虫互惠互利的害虫组合，这种组合对松树危害威力成倍增大，从而导致成片的松林迅速枯死，远看时，成片枯树变成了一片红褐色的树林，因此，松材线虫又被称为松林的"无烟之火"（周娴等，2018）。据新华社 2018 年的报道，自 1982 年在南京中山陵首次发现松材线虫病以来，扩散蔓延比较严重。目前，山东、江苏、浙江、安徽、广东等省部分地区都已发现了松材线虫病，危害面积已近 130 万亩[①]，直接经济损失 25 亿元，间接损失 250 亿元，并且已经直接威胁到全国 5 亿多亩松林，危及黄山、张家界等著名风景名胜区、世界自然文化遗产和重点生态区域的安全。在一些疫情发生区，因病害造成大量松树死亡，不仅疫木不能正常利用，还要花费大量的人力、财力和物力进行除害处理；松木生产和加工企业停产，林区农民的收入减少。同时，它还使疫区农副产品和林产品的流通受到影响，制约了当地的社会经济发展（段世文，2018）。因此，松材线虫病的防治已成为地方社会问题。

除此之外，20 世纪 70 年代在我国华北地区爆发的光肩星天牛（*Anoplophora glabripennis* Motschulsky），也一度将我国花费数十年建设的"三北"防护林毁于一旦（杨忠岐，2018）。近年来传入我国的白蜡窄吉丁（*Agrilus planipennis* Fairmaire），已危害我国的白

---

① 亩为非法定计量单位，1 亩≈666.7 m²。——编者注

蜡树达近千万株（陈乃中等，2009）；而传入我国华北森林的小蠹虫，强大小蠹（*Dendroctonus valens* LeConte），早在 2000 年，就已在我国的河北、河南和山东三省危害松林超过 50 万 hm²，并造成至少 300 万株成材油松受害枯死（杨星科等，2005）。除此之外，每年南方森林中大量的白蚁也时时威胁着成千上万公顷的森林。

二、对大田作物的危害

小麦吸浆虫为世界性害虫，广泛分布于亚洲、欧洲和美洲主要栽培小麦的国家，中国的小麦吸浆虫亦广泛分布于全国主要产麦区。我国的小麦吸浆虫主要有 2 种，即红吸浆虫（*Sitodiplosis mosellana* Gehin）和黄吸浆虫（*Contarinia tritici* Kirby）。小麦红吸浆虫主要发生于平原地区的江河两岸，而小麦黄吸浆虫主要发生在高原地区和高山地带。小麦吸浆虫是小麦产区的一种毁灭性害虫，以幼虫潜伏在颖壳内吸食正在灌浆的麦粒汁液，造成秕粒、空壳。一般受害麦田减产 10%～30%，重者减产 50%～70%，甚至造成绝收。该虫个体小，成虫体形像蚊子（体长 2～2.5 mm，体呈橘红色或鲜黄色），具有很强的隐蔽性，不易被发现。在我国的黄河流域小麦主产区，小麦吸浆虫常会导致小麦大量减产，给小麦生产带来严重危害（仵均祥，2002）。陕西省在 20 世纪的 50 年代和 80 年代曾大发生，间隔时期为 25～30 年，一个盛发周期大约历时 5 年左右。2010 年以来，关中局部地区出现重发田块，2011 年发生范围有所扩大，关中和商洛市 26 县区发生 300 多万亩，已经成为影响陕西省小麦安全生产的主要虫害（郭海鹏，2017）。

玉米钻心虫（*Ostrinia nubilalis* Hübner）为螟蛾科秆野螟属的一种昆虫，是玉米的主要害虫。广义上的玉米钻心虫指蛀入玉米主茎或果穗的虫类，主要有玉米螟、高粱条螟、桃蛀螟和大螟等。玉米钻心虫的幼虫蛀入玉米主茎或者果穗内，能使玉米主茎因风折断，造成玉米营养供应不良，授粉不良，致使玉米减产降低质量，每年可造成产量损失 5%～15%（于思勤等，1993）。

除此之外，北方苹果园中的桃蛀果蛾、苹小食心虫、苹果小吉丁、星天牛、芳香木蠹蛾等害虫，不仅给苹果生产带来直接损失，还因大量农药的应用污染果品，影响果品的商品价值。

水稻螟虫俗称水稻钻心虫，其中普遍发生且较严重的主要是二化螟和三化螟，还有稻苞虫、大螟等。二化螟除了为害水稻外，还为害玉米、小麦等禾本科作物；三化螟为单食性害虫，只为害水稻。三化螟幼虫蛀食水稻，在苗期和分蘖期蛀茎形成枯心苗，或蛀入叶鞘，使被害处出现黄褐色条斑，形成"枯鞘"。如在孕穗期蛀茎，形成枯穗；抽穗后蛀茎，穗茎节受害时形成"白穗"，使产量受损（刘刚，2018）。

根据相关资料显示，自 1996 年以来，我国各地水稻螟虫连年暴发，成为各地水稻生产中最突出的害虫，给水稻生产带来了严重威胁。2000 年，江苏省江淮稻区 3 代三化螟发生严重为害，部分县、乡（镇）特大发生，白穗率最高达 65.7%，白穗率 30% 以上的田块占 10% 左右，白穗率 5%～10% 的田块占 40%～50%，白穗率 5% 左右的田块占 30%～40%。2002 年，江西省赣州地区第 4 代二化螟发生面积 4.66 万 hm²，成灾面积 133.33 hm²，绝收面积 12.00 hm²；通过防治挽回产量损失 3.86 万 t，仍损失稻谷 8 449.1 t。安徽省天长市大螟 1993 年零星发生，1995—1996 年点片发生，螟害率由 1995 年的 0.2% 上升到 2002 年的 0.8%。2009 年，江西省萍乡市晚稻 4 代三化螟暴发，晚稻白穗率 3%～12.5%，严重的田块白穗率为 25.75%，最严重的田块白穗率达 50%～80%。近年，水稻螟虫的发生遍布全国，并且发生地区不断扩大。据全国农业技术推广服务中心统计，2009年全国水稻螟虫发生面积达1 766.67万hm²（向玉勇等，2011）。

橘小实蝇，俗称针蜂、果蛆、黄苍蝇，是一种为害250多种果树、蔬菜类果实的毁灭性害虫。由于该虫繁殖力强、发育周期短、世代重叠，一旦暴发常给果园造成严重危害。橘小实蝇是危害热带、亚热带水果的重要检疫性害虫，号称是水果"四大杀手"中的头号杀手（四大水果杀手是指橘小实蝇、尺蠖、荔枝蒂蛀虫、梨小食心虫）。在广东果园里，橘小实蝇的危害十分严重，番石榴果实大部分要套袋，否则几乎绝收。在没有防治的情况下，芒果、杨桃、蒲桃等大量落果，受害率超过50%（秦誉嘉，2017）。

三、对仓库粮食的危害

粮食收获后贮存在仓库，这时的害虫几乎全部为钻蛀性害虫：米象、玉米象、谷蠹、皮蠹、锯谷盗、谷螟；另外还有危害豆类的各种豆象：四纹豆象、菜豆象、豌豆象、花生豆象等。据相关报道（张生芳等，1998），世界不同国家谷物和谷物制品在贮藏期间的损失率为9%～50%，平均为20%，包括昆虫、螨类和鼠类的危害，其中主要是鞘翅目和鳞翅目昆虫的危害。另外，全世界储藏玉米的虫害损失率为3.6%～23%，每年损失约达200万t。我国由于对储粮工作比较重视，因此害虫造成的损失较少。我国存放在国库的商品粮和储备粮约占30%，农村储粮约占70%，农村储粮因虫害的年损失率为6.50%～11.45%（陈耀溪，1984）。

玉米象（*Sitophilus zeamais* Motschulsky）最早于1853年发现于南美圭亚那，后来传播到几乎全世界，现已成为世界储粮的头号大害虫。报据道，1914—1918年，澳大利亚的贮藏小麦惨遭玉米象危害，曾在一个小麦堆放场筛出了1 t玉米象成虫。1868年，美国运到英国145 t玉米，第二年，由这批粮食中筛出玉米象1.75 t。1954年，肯尼亚一个仓库将熏蒸过的玉米放入有虫的仓库里，4个月后发现每千克玉米中有玉米象3.2万头（张生芳，1998）。

粮食被蛀虫危害后不仅减产，而且由于害虫的排泄物及分泌物对粮食造成污染，加之后期发霉，损失远多于害虫直接取食的部分，常常在重量损失30%后，粮食的商品价值降到1/10左右。

豆象类对食用豆类危害也十分严重，可取食绿豆、蚕豆、菜豆、花生、白芸豆、扁豆等多种豆类。四纹豆象（*Callosobruchus maculatus* Fabricius）原产于东半球的热带或亚热带地区，但是在美国最早发现，现已传至欧洲、非洲、澳大利亚等地。20世纪60年代初从香港传入内地，1997年在浙江省首次发现（曹新民，2011）。四纹豆象主要通过被害种子的调运，藏匿于包装物、交通工具的缝隙处进行远距离传播，也可以通过成虫飞翔、搬运货物或工具近距离传播，可以危害豇豆、绿豆、木豆、鹰嘴豆、扁豆、大豆等多种豆类植物。此虫在广西严重危害绿豆、扁豆、蚕豆、豇豆，一般虫蛀率都在20%～30%，甚至80%以上，造成的经济损失严重。四纹豆象在我国南方一年可发生11～13代，居民家里贮存的绿豆等稍不注意，就会被全部蛀空。在尼日利亚，由于四纹豆象的危害，豇豆贮藏9个月重量损失达87%（张生芳等，1998）。

谷斑皮蠹（*Trogoderma granarium* Everts）发源于印度、斯里兰卡和马来西亚，后随贸易传入美国，1953年，在加利福尼亚州造成的经济损失达2.2亿美元，相当于该州农产品总收入的10%。经调查，在加利福尼亚一个存放3 700 t大麦的仓库，在粮堆上部1.25 m深的粮层内，谷斑皮蠹幼虫数量竟比粮粒还要多。在同样的仓库，当年用溴甲烷和其他药品处理之后未发现活虫，但秋季入仓的新粮到第二年又发现严重感染。最终，美国相关部门花费了 1 100 多万美元，历时 3 年，对调查发现的 455 个谷斑皮蠹感染点逐一进行熏蒸处理，终于 1956 年 12 月将侵染仓库中的谷斑皮蠹清除，解除了对其的检疫状态（张生芳等，1998）。

除了以上 3 种重要仓库蛀虫外，经常见到的仓库蛀虫还有赤拟谷盗、谷蠹、鹰嘴豆象、黑斑皮蠹、烟草甲、米象、锈赤扁谷盗、印度谷螟等，它们都可能在条件适宜的情况下对贮藏物造成严重危害。

四、对建筑物及其他人工设施的危害

白蚁为等翅目昆虫的统称，目前全世界已记录白蚁 3 000 多种，我国有资料记录的白蚁 400 多种（黄复生等，2000），但许多新发现种类的分类地位存疑，尚待进一步确证（王新国等，2012）。大部分白蚁在森林中取食腐木或草类，如我国南方常见的黄翅大白蚁等。一些白蚁在进化道路上，适应了在人类房屋内的木质结构和物品上生活，如台湾乳白蚁和黄胸散白蚁等，其中又以台湾乳白蚁尤为严重。

白蚁危害房屋建筑由来已久，我国古代劳动人民对于白蚁对房屋的危害已经有了较多的记载，在《史记》中五行项下经常提到：房屋自倾，无故落地，城楼自塌等现象，如"汉景帝三年（公元前 154 年）十二月，吴二城门自倾，大船自复"。《淮南子·人间训》中："蠹啄剖柱梁，蚊虻走牛羊"就是文献中关于白蚁危害建筑物的记载。由于古人不了解白蚁隐蔽危害的特性，常将此类事项列入灾异项下。清朝吴震方《岭南杂记》载："粤中温热，最多白蚁，新构房屋，不数月为其食尽，倾圮者有之"，即是记录广东一带木制建筑被白蚁严重危害的现象（戴自荣等，2002）。

在现代，由于普遍推行了钢筋混凝土建筑，白蚁对建筑物的危害已没有百年前那么严重，但仍不时出现居家被白蚁危害的现象。比如广东省的国家重点保护文物韶关南华寺就遭到白蚁的严重侵害；20 世纪 90 年代，广州一家出版社的书库曾遭白蚁的严重危害，所造成的经济损失高达数十万元（戴自荣等，2002）。据资料统计，在房屋建筑方面，长江流域白蚁危害率一般可占房屋总数的 40%～50%（金占宝等，2017）。据国家建设部文件统计资料，全国 23 个城市仅白蚁对房屋造成的损失每年就达约 8 亿元人民币。白蚁赖以生存的主要食料是含木质纤维素的物质，在我国南方的房屋建筑，过去就俗有"十屋九蛀"的说法。而对于现代房屋建筑，钢筋水泥只是作为房屋的大骨架，仍需要大量的木质材料装修后才能入住，这为白蚁的生存提供了食料。而一般居民住房中都装有水管，有洗手间、厨房和洗衣间等经常用水之处，这又为白蚁，尤其是台湾乳白蚁的生活提供了水分。白蚁为了从中取食、取水、分飞、蔓延，会洞穿室内的木质结构，如门框、木地板、装修柱等材料。正是由于白蚁，尤其是台湾乳白蚁对建筑的严重危害性，中华人民共和国建设部于 1999 年 10 月 15 日第 72 号令公布了《城市房屋白蚁防治管理规定》，这从另一个侧面也反映了白蚁对建筑物的严重威胁。

除危害房屋建筑物外，白蚁对堤防的危害也十分严重。韩非子《喻老篇》载："图难于其易也，为大于其细也，千丈之堤，以蝼蚁之穴溃。"其中即讲的是河堤因白蚁之穴而溃塌。《吕氏春秋》中的《慎小篇》记："巨防容蝼，而漂邑杀人；突泄一烟，而楚宫烧积。"前句讲的就指宏大的河堤上如有白蚁危害，即可能在洪水到来时造成堤溃城淹人亡。

经现代科学调查，基本已证明造成河堤溃塌的白蚁主要为黑翅土白蚁（*Odontotermes formosanus* Shiraki），这是一种典型的土栖白蚁，其一个巢内常可达到数万只白蚁个体，巢穴内部大小有时可达直径 2 m 以上（戴自荣等，2002）。据记载，自 1970 年以来，广东省清远市溃堤 13 条，垮坝 9 座，查实其中 9 条堤围和 5 座大坝的溃坏是由土白蚁造成。1986 年 7 月，广东梅州发生中华人民共和国成立以来的特大洪水，梅江决堤 62 处，确证有白蚁的缺口 55 个；1981 年 9 月，阳江境内的漠阳堤段出现 18 个缺口，有 6 个为白蚁为害所致，其中三棵树堤段的一个蚁穴，其巢穴最大处能同时容纳 4 个成年男子（胡辑，1998）。据新闻报道，2012 年 6 月 30 日，荆州松滋市老城镇天星市村十组，庙河明堤出现白蚁漏洞，当地组织 500 余名村民奋战 8 个小时才成功排险（长江商报，2012）。2016 年，位于四川内江的一个水库挖出了 78 窝白蚁，其中蚁龄最长的已达 30 余年。这些白蚁掏空堤坝，对水库和河道的危害相当大。在南京，有着"母亲河"之称的秦淮河也一直受到白蚁侵袭的困扰。根据秦淮河河道管理处给出的数据，2017 年上半年，秦淮河沿线堤段共挖出白蚁主巢计 8 个，捕抓蚁王、蚁后计 8 对。2017 年下半年，共挖出白蚁主巢计 4 个，捕抓蚁王、蚁后计 4 对（臧首成，2018）。2017 年 6 月，在湖北荆州公安县孟家溪镇严家台河堤上，发现了一个覆盖范围约 6 m，距河底高约 40 m 的白蚁巢穴。为清除白蚁及回填保护河堤，相关部门动用大型挖掘机 1 台，动用人工 48 人次，开挖和回填土方合计约 600 m³、浇筑混凝土 45 m³（谷莹，2017）。可以想象，如果没有及时在汛期前清除掉河堤蚁患，在洪水到来时，两岸人民的生命财产会受到多么大的威胁！

五、对外贸经济的影响

目前世界各国的出入境植物检疫措施不仅是一种有害生物防治方法，也成为一种贸易上的重要技术壁垒。而一种钻蛀性害虫的大范围暴发不仅危害森林和作物，同时也可能对本国外贸产生不良影响。其中，中国和美国之间在 20 世纪末因光肩星天牛引起的贸易争端最具有代表性（梦溪，2000）。

光肩星天牛（*Anoplophora glabripennis* Motschulsky）属于鞘翅目天牛科星天牛属，英文名 Asian long homed beetle（简称 ALB）。据 Gerssitt（1951）记载，该虫主要分布于中国和朝鲜半岛；目前，在美国的纽约、芝加哥、新泽西及加拿大的渥太华有分布。

1996 年 8 月，在纽约 Brooklyn 的长岛两个地方及 Amityviller 近郊发现光肩星天牛，纽约市市长于 12 月签署了一项关于光肩星天牛的紧急检疫法令，美国农业部动植物检疫局随即在这些地方建立了检疫区，以控制光肩星天牛的传播扩散。1998 年 7 月 13 日，在芝加哥的 Ravenswood 地区又发现了光肩星天牛暴发，街道两旁的槭树千疮百孔，许多树木死亡，在美国公众中造成极大的影响。美国各大传媒广泛报道了光肩星天牛发生危害情况，更加渲染了事态。

1998 年 8 月 6 日—8 月 14 日，美国动植物检疫局等多个部门同白宫官员数度讨论了光肩星天牛事件及解决办法，认为该虫一旦在美国扩散开来，将对美国 7 000 万 hm² 的城市绿化林、槭糖工业及旅游业产生直接威胁，直接经济损失将达到 1 380 亿美元。随后的问题是美国将发生的光肩星天牛归因于中国输美货物的木质包装，也就是说美国人认为美国发生的光肩星天牛是由中国传入的，中国要负主要责任。

1998 年 9 月，美国农业部助理部长米歇尔·邓恩（Micheal Dunn）专程访华，分别紧急约见了我国国家出入境检验检疫局、外经贸部、海关总署及外交部负责人，主要通报在来自中国货物的木质包装中曾发现光肩星天牛，而这一害虫已在美国 13 个州存放中国进口货物木质包装的仓库中被发现，对美国的森林和环境构成了严重威胁。因此，9 月 11 日，美国农业部长将签署一项新法令，针对所有中国输美货物的木质包装和木质铺垫材料，要求中国输美货物木质包装在出口前必须经过熏蒸处理、热处理或防腐处理，违规货物将整批退回，或在美方认可的条件下，拆除并销毁木质包装。

一旦美国的理由坐实，中国出口美国的货物将损失严重。1998 年 10 月，我国派出了以质检总局副局长夏红民为团长的中国植物检疫代表团，对美国光肩星天牛发生地进行了考察。通过考察，发现一些受光肩星天牛危害致死的树木上天牛羽化孔及树木本身已腐朽，说明该虫至少在十年至数十年前就已经存在相当的种群密度，如果该虫是由其他国家传入的话，则传入的时间更长。鉴于该虫在美国多处发生，相距较远，在美国发生危害时间之长，且光肩星天牛不仅在中国有分布，在朝鲜半岛等其他国家也有分布，因此，从昆虫生物学及生态学特点分析，该虫由中国传入的观点没有根据。

经双方商谈并签署了《中美关于木质包装检疫合作研究协定》，确定共同研究"星天牛种间及光肩星天牛种群间分子生物学研究"课题。中方终于通过分子方法再次证明了美国光肩星天牛并非中国传入，一场两个大国之间历经数年的光肩星天牛贸易争端终于得到和平解决。尽管如此，此后我国输美货物的木质包装也需要严格按照美方要求进行除害处理，另外一些以阔叶树枝制作的工艺品，如人造圣诞树等产业受到了严重的冲击。

第四节　钻蛀性昆虫的时空动态

钻蛀性昆虫的生活位置随着时间推移会产生变化，了解这些时空动态才能掌握蛀虫的习性，更好地对其进行监测和防治。

一、蛀入时间与时期

从昆虫个体发育阶段来说，蛀入时间分为三类：第一类是成虫蛀入，并在寄主内产卵，幼虫孵化后继续钻蛀，如小蠹和长小蠹类。第二类是产卵在寄主表面，卵孵化后钻入寄主，如豆象类。第三类是成虫产卵于寄主内，幼虫孵化后直接钻蛀为害，如实蝇类（图 3 - 41，见彩插 41）。

从季节来看，蛀木性害虫主要受气温影响，一般在南方地区蛀虫可随时蛀入，而在北方地区则需要在昆虫可以正常活动时期，如光肩星天牛一般会在 6—7 月产卵，然后幼虫孵化蛀入（肖刚柔，1992）。蛀果性害虫则必须与所为害的水果生长周期同步，如苹小食心虫（*Cydia inopinata* Heinrich）一般会在 5 月下旬到 6 月下旬达成虫羽化盛期，然后刚好可产卵于苹果适度大小的幼果上（邱强等，1993）。

图 3 - 41（彩插 41）　橘小实蝇成虫产卵在番石榴果实中　（娄定风/摄）

仓库害虫如黑斑皮蠹，在温度适宜时可常年为害，除低温休眠外其余时间都可产卵蛀食。

从寄主来看，钻蛀性害虫会选择适宜生长时期的植物。有研究表明，白带长角天牛（*Acanthocinus carinulatus* Gebler）和落叶松八齿小蠹（*Ips subelongatus* Motschulsky）都不会危害树龄 8 年以下的小树（黄志平等，2013），推测一方面是由于小树树径太小，不足以支撑此类蛀虫危害而不倒折，另外，小树生长旺盛，树体汁液及泌胶含量高，很易分泌到蛀虫蛀道中将幼虫杀死。蛀果类害虫也会选择适宜大小的水果，如南瓜实蝇（*Bactrocera tau* Walker）一般会选择直径已超过 5 cm 的南瓜幼果产卵，过早产卵易导致落果，而落果快速腐烂后幼虫会因之发育失败。

多种蛀虫危害同一寄主，常常有先后顺序。研究表明，在落叶松上的 4 种主要蛀虫之中，一般是落叶松八齿小蠹先来危害，可称之为先锋害虫。此先锋害虫蛀入后，会导致树势衰弱，为其他侵入健壮树有困难的蛀虫创造了条件，如云杉大黑天牛（*Monochamus urussovi* Fischer）和云杉小黑天牛（*Monochamus sutor* L.）（袁菲等，2011）。树木伐倒后，会吸引强大小蠹（*Dendroctonus valens* Le Conte）等为害。制作成板材后，容易受到双钩异翅长蠹［*Heterobostrychus aequalis*（Waterhouse）］等蛀虫侵害。木材干制后作成木制品，会被鳞毛粉蠹（*Minthea rugicollis* Walker）蛀食。在仓库中，一般是米象、皮蠹类先期蛀入粮食内部为害，等产生了大量粮食碎片，才会引来锯谷盗、米扁虫等次生害虫（张生芳等，1998）。

二、蛀入位置及危害部位

不同的蛀虫在危害时会有不同的蛀入部位，如南方常见的荔枝害虫荔枝蒂蛀虫（*Conopomorpha sinensis* Bradley）主要在果实蒂部产卵，幼虫从蒂部蛀入，并多集中在蒂部为害；四纹豆象则会在豆粒的光滑面产卵，幼虫孵化时直接从卵下部蛀入豆粒；杨树上的 2 种主要蛀虫，即光肩星天牛和黄斑星天牛（*Anoplophora nobilis* Ganglbauer），则最喜欢在树高约 3.1 m 处及树径 14.2 cm 处产卵为害（邵崇斌等，1997）；荔枝拟木蠹蛾（*Arbela dea* Swinhoe）幼虫会在树皮外用排泄物缀网成虫道，同时蛀入树体内，白天在蛀洞内躲避，夜晚则出来取食网道下的树皮。

蛀虫蛀入后，寄生在水果、种子上的种类受到寄主大小的限制，多数只在原处为害，羽化成虫后才迁移到其他寄主上继续为害，如豆象；另一些寄生在树木上的种类，很多不限于最初蛀入的位置，会沿着树干扩散为害，或者从韧皮部向内蛀入木质部，如天牛。完成一个世代后，成虫会在附近继续产卵，扩大为害。

对于蛀木昆虫来说，不同种类的危害部位或深度常常各不相同，具有种类特点（图 3-42）。小蠹虫常只在树皮部发生，其蛀道常在树皮上占多半，而木质部仅占很少部分；吉丁虫幼虫也主要在韧皮部为害；而天牛低龄幼虫期在韧皮部取食，稍大后即蛀入木质部为害；瓜实蝇幼虫常会蛀入瓤部，而较少停留在果肉部取食。

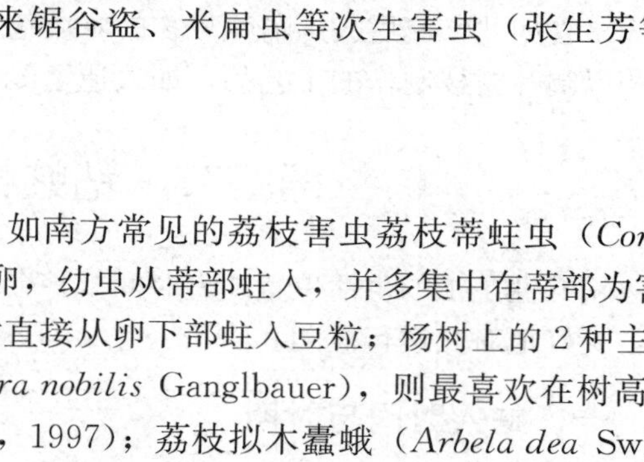

寄主受到为害后，初期外表无症状。中期

图 3-42 黄足长棒长蠹为害荔枝树的位置（示截面周边的圆蛀孔，中间为 5 角硬币）（娄定风/摄）

产生叶面条纹（潜叶虫类），植株萎蔫，组织增生等表面症状；有些蛀虫在蛀道上开蛀孔，排出粪便和残余食物；一些蛀孔伤愈后，形成狭长裂口。晚期则出现表面溃烂，枝条枯死，整株倒伏，建筑物垮塌，贮藏物腐烂，或变成粉状、碎屑（图3-43，见彩插42）。

图3-43（彩插42） 可乐果象甲为害可乐豆症状 （娄定风/摄）

（A：早期；B：中期；C：晚期）

蛀孔是蛀虫为害的共同症状，但是由于不同虫种习性不同，孔洞产生在不同时期。小蠹科成虫钻蛀，会产生侵入孔，比较明显，初孵幼虫钻蛀及产卵在寄主组织内的产卵孔则十分细小难辨。柑橘光盾绿天牛 ［*Chelidonium argentatum* （Dalman）］幼虫在钻蛀过程中会产生排泄孔，将食物碎屑及粪便排出（图3-44）。幼虫老熟时可钻孔出来化蛹，如实蝇科。在寄主内羽化的种类会在羽化时做孔穿破寄主表皮，如一些鳞翅目的种类；或者在羽化

图3-44 柚子树枝上柑橘光盾绿天牛排泄孔 （娄定风/摄）

后咬破寄主表皮，如鞘翅目的种类，这些羽化时形成的孔称为羽化孔。根据不同蛀虫种类的习性，出现孔洞时可以判断昆虫大致所处的时期和虫态。需要注意的是，虫孔只说明有虫为害，但是不代表发现虫孔时有蛀虫在里面。

一种寄主上可能会有多种蛀虫危害，有时是同时蛀入，有时一种蛀虫先行蛀入，导致寄主衰弱，吸引其他蛀虫陆续侵入。事实上，在昆虫亿万年的进化过程中，取食同一种寄主的多种蛀虫会在生态位上进行特化，从而避免种间过于激烈的竞争。比如同一株核桃树上，就分别有上部的蛀果害虫核桃长足象、树条上的吉丁虫、主干上的云斑天牛和小蠹虫、根茎部的木蠹蛾等蛀虫，即便是同时在主干上取食的云斑天牛和小蠹虫，也会通过天牛取食木质部、小蠹虫取食韧皮部的空间分割而占据不同生态位，从而达到一种共同生存的动态平衡。

　　袁菲等（2011）详细研究了落叶松上1种小蠹和3种天牛的危害位置关系，为蛀木类害虫的空间关系提供了一个范例。研究发现，落叶松八齿小蠹在老龄衰弱立木上可取食范围从树基部到10 m之高，但以下部为主，越往上虫口越少（图3-45，见彩插43）。

　　当多个虫种共同为害时，树木上不同虫种的垂直分布会有不同，如在阿尔山的落叶松（*Larix gmelinii* Rupr.）的衰弱立木上，白带长角天牛在老龄枯死木上危害从树干基部到高度9 m，云杉小黑天牛（*Monochamus sutor* Linnaeus）在枯死木上可危害至高度7 m，云杉大黑天牛（*Monochamus urussovi* Fischer）在枯死木上可危害至高度6 m，而落叶松八齿小蠹则可以达到10 m以上（图3-46，见彩插44）。

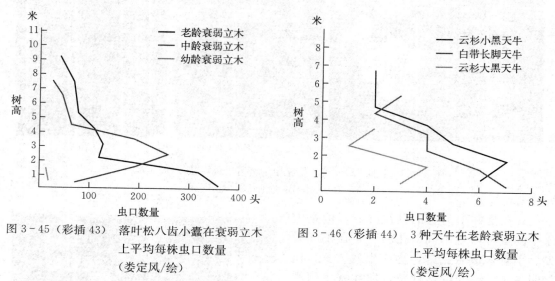

图3-45（彩插43）　落叶松八齿小蠹在衰弱立木上平均每株虫口数量（娄定风/绘）

图3-46（彩插44）　3种天牛在老龄衰弱立木上平均每株虫口数量（娄定风/绘）

　　更细致的研究表明，落叶松上的4种主要蛀虫，在共同危害同一寄主时，主要靠取食部位减少竞争，以达到各自最后的生存平衡。

　　总的来说，弄清楚危害一种重要树木或农产品的多种蛀虫的时空动态及种群间竞争关系，对有效防治这些害虫来说是一项重要的基础工作，对掌握声检测的时机和检测位置有重要的指导意义。

三、人类经济活动对蛀虫时空动态的影响

　　钻蛀性昆虫的时空动态常会受到人为因素的影响而产生变化。尤其在现代社会，随着汽车、火车、轮船、飞机的出现，人类的经济活动已深刻影响了一些钻蛀性昆虫的扩散及生长发育过程。

　　豌豆象（*Bruchus pisorum* L.）一年发生1代，成虫于5月中旬在田间产卵于豆荚，随后豌豆被收获到仓库，其中的幼虫不得不适应在仓库环境下发育并羽化，羽化后的成虫直接在仓库的缝隙和包装物内进行越冬，次年再飞出去到田间危害（张生芳等，2004）。在自然环境下则是在豌豆生长附近的环境下越冬即可，仓库稳定的环境似乎大大提高了豌豆象的越冬成活率。同为仓库害虫的谷斑皮蠹，则一直可在仓库中生活，并不需要飞到田间完成发育，且可以通过幼虫的休眠度过食物缺乏期（张生芳等，1998）。谷斑皮蠹的这一特性也给出入境植物检疫带来困难，因为谷斑皮蠹在食物缺乏时会处于休眠状态，而同一仓库在重新

放置非寄主货物后，谷斑皮蠹幼虫可能会混入其中，有时这些携带害虫的货物可能并非谷斑皮蠹的适宜寄主，被边境检疫人员忽视而放行，从而完成了出入境的远距离传播。

健康的松树较少受到大量小蠹虫的侵入，但一旦树被砍伐后，则马上会吸引到大量小蠹虫的蛀食。这种现象给木材贸易带来了很大的麻烦，因为即便是砍伐健康无虫的树，也会在堆积待运期间引来大量小蠹虫，而入侵的小蠹虫则会随着木材贸易远距离传播。虽然国际贸易中对木材检疫规定了严格的检疫措施，但却难以控制这种"伐倒木吸引小蠹虫"现象导致的害虫传播，因为即便是处理后无虫的木材，也会在运输过程中再次吸引到小蠹虫前来，而在夏秋季气温高时，入侵的小蠹虫在漫长的运输过程中几乎能完成一代生活史。在码头进境木材检疫中，小蠹虫已成为检出批次及检出活虫个体最多的蛀虫。

白蚁类多数在森林中以腐木或衰弱树为食，有时会从大树的伤口侵入健康树，并加速树的衰亡。但大部分白蚁无法在砍伐后的木材中长期生活，如黑翅土白蚁（*Odontotermes formosanus* Shiraki），将其从树干基部湿沙层采下后，放在养虫瓶中，仅仅过了一天就会全部死亡；但是乳白蚁、散白蚁和堆砂白蚁等可随着砍伐木长期生存，并远距离传播到新的地区。如台湾乳白蚁，原生活在亚洲南部和东部地区，现已因人类经济活动传播到美国南部、夏威夷群岛、非洲及中美洲部分地区。另一种传播比较广泛的白蚁为格斯特乳白蚁（*Coptotermes gestroi* Wasmann），原为亚洲南部热带地区的物种，现已传播到美国夏威夷群岛、太平洋诸岛、巴西等地区（王新国等，2014）。在我国进境木材植物检疫过程中，来自非洲的非洲乳白蚁（*C. sjostedti* Holmgren）、中间乳白蚁（*C. intermedius* Silvestri）及来自南美洲的南美乳白蚁（*C. testaceus* L.）截获频次相当高。然而，值得宽慰的是，乳白蚁类的巢穴主要在树木的地下部分，地面伐木中携带的主要为无繁殖能力的兵蚁和工蚁，因此其传播能力并没有一般非社会性昆虫那么高。但由于白蚁对森林及建筑木质结构的严重危害性，仍要在进境检疫中加强对白蚁的检疫。

第五节　部分重要钻蛀性昆虫

一、光肩星天牛（*Anoplophora glabripennis* Motsch.）

天牛是隶属于昆虫纲、鞘翅目、叶甲总科、天牛科（Cerambycidae）的一类昆虫的总称，目前全世界已记录天牛超过 25 000 种，我国已记录 2 200 种及亚种，是鞘翅目中种类最多的类群之一。绝大多数天牛蛀食木本植物的茎干，但也有少数种类取食草本植物，如瓜天牛和草天牛等。在形态上，大部分天牛都有一对长长的触角、肾形的复眼，得以与其他甲虫相区别。

光肩星天牛为天牛科、沟胫天牛亚科、星天牛属（*Anoplophora*）的昆虫。在 1970 年以前，本是一种普通的林木害虫，但随着我国"三北"防护林的建设，其适生寄主得到大量种植，导致此种天牛种群数量急剧上升，成为一种危害十分严重的林木害虫。

1996 年，在美国多地先后发现了光肩星天牛的危害，并由此引发了中美之间的贸易争端。后经中美两国专家论证及相关代表团的谈判，才终于化解了这场由一只甲虫引起的贸易危机，保护了我国正在高速成长的外贸经济（梦溪，2000）。

光肩星天牛广泛分布于我国除西藏、青海、新疆、黑龙江外的大部分省区，尤其在华北平原绿化区普遍发生，主要危害杨、柳、榆、元宝枫和糖槭等阔叶树。受害树的木质部被蛀空，同时受到外来真菌的感染，造成树干极易风折或整株枯死（萧刚柔，1992）。

成虫形态特征：体黑色，有光泽，雌虫体长 22～35 mm，雄虫 20～29 mm；头部比前胸稍小；触角鞭状，第 1 节端部膨胀，第 2 节最小，第 3 节最长，以后各节逐渐变短；触角自第 3 节始，各节基部灰蓝，端部黑色（图 3 - 47，见彩插 45）。此虫与另一近似种星天牛（*Anoplophora chinensis* Forster）分布区重叠，形态上十分相似，主要区别在于本种的鞘翅基部 1/4 光滑，而星天牛鞘翅基部 1/4 布满圆形颗粒，十分粗糙；另外，星天牛雌虫体长一般为 36～41 mm，雄虫 27～36 mm，在体型上明显大于本种。

图 3 - 47（彩插 45）　光肩星天牛成虫背面观（左）及为害状（右）

（王新国/摄）

光肩星天牛一年 1 代或 2 年 1 代。卵、幼虫和蛹均能越冬。羽化后的成虫在蛹室内停留 7 天左右，然后再侵入孔上方咬羽化孔飞出。成虫在北方 5 月开始出现，7 月上旬为羽化盛期，至 10 月仍有个别成虫活动。成虫白天飞出去活动，可取食杨、柳等树的叶柄、叶片及小枝皮层。补充营养后 2～3 天交尾，一生可多次交尾并多次产卵。产卵时，成虫会用上颚在树皮上咬一个半月形缺刻，然后在伤口处产卵，每缺刻处产卵一枚。每个雌虫平均产卵 30 粒左右。成虫飞翔力不强，无趋光性。卵期在 6—7 月，一般为 11 天，但 9—10 月产的卵会在次年孵化（李孟楼，2002）。

光肩星天牛在华北平原对树木危害十分严重，即使在大城市中的绿化树也难逃厄运。笔者在北京出差时，就曾看到五环边的行道旁柳树上遍体蛀孔，一排几十株柳树无一幸免。

二、四纹豆象（*Callosobruchus maculatus* Fabricius）

四纹豆象为鞘翅目、叶甲总科、负泥虫科（Crioceridae）、豆象亚科（Bruchinae）、瘤背豆象属（*Callosobruchus*）昆虫。在另一些的分类系统中，豆象亚科独立为豆象科（Bruchidae）。

四纹豆象广泛分布于世界热带及亚热带地区，在我国则主要分布于广东、广西、福建、云南、江西、湖北、湖南、山东、河南等省区。四纹豆象可严重危害菜豆、豇豆、兵豆、绿豆、豌豆等豆类（张生芳等，1998）。在检验检疫中，经常在进口绿豆中发现。广东一带居民夏季有喝绿豆汤降暑的习惯，而家里储存的绿豆在夏秋季极易被此虫为害，甚至因为储存绿豆中飞出的成虫数量过多，出现此虫叮咬婴幼儿的事例，由此可见此虫危害的严重性。

成虫体长 3.1～4.5 mm，表皮单一黑色，触角长约为体长之半，基部 3 节棒状，一般色较浅，后面 7 节呈弱锯齿状，色较深，末节呈菱形。前胸背板近梯形，基部中央常有一白色毛斑；鞘翅背面观可见由浅色毛组成的近工形白色斑。臀板上中央有一白色纵条斑（图 3-48，见彩插 46）。四纹豆象成虫在形态上与另一种豆象鹰嘴豆象（*Callosobruchus analis* Fabricius）十分相似，主要区别在后足腿节的内缘齿上，前者内缘齿尖锐且长，后者则短钝（白旭光，2008）。

图 3-48（彩插 46） 四纹豆象成虫背面观（左）及为害状（右）
（王新国/摄）

四纹豆象在我国广东，一年可发生 11~12 代。成虫寿命短，在最适合条件下一般不多于 12 天。雌虫产卵超过 120 粒，平均 90 粒，产卵最适温度为 25 ℃。雌虫喜欢在光滑的种子表面产卵，卵可以牢固粘在种子表面。幼虫期 4 龄，可在一粒种子内独立完成发育。发育最适温度为 32 ℃，最适相对湿度为 90%（曹新民，2011）。

四纹豆象以成虫或幼虫在豆粒内越冬，越冬幼虫于次年春化蛹。成虫活泼善飞，羽化后的成虫可离开豆粒，飞到田间产卵，也可在仓库内继续产卵繁殖。

三、谷斑皮蠹（*Trogoderma granarium* Everts）

谷斑皮蠹为鞘翅目、皮蠹科（Dermestidae）、斑皮蠹属（*Trogoderma*）昆虫。斑皮蠹属昆虫部分种类对仓库粮食危害十分严重，因此，我国于 2007 年将斑皮蠹属（非中国种）全部列为进境植物检疫性有害生物。

谷斑皮蠹主要分布于非洲大部分地区，另外也分布于越南、印度、缅甸、巴基斯坦、斯里兰卡、印度尼西亚、新加坡、菲律宾、孟加拉国、阿富汗、哈萨克斯坦、英国、德国、法国、葡萄牙、西班牙、荷兰、丹麦、意大利、捷克、斯洛伐克、瑞典、美国和墨西哥等地，在我国台湾也曾有发现（张生芳等，1998）。

谷斑皮蠹为国际危险性害虫，可以严重危害小麦、大米、花生、干果、坚果和棉籽等。在进境植物检疫中，比较容易出现在花生、大米和小麦之中，人工室内饲养发现，谷斑皮蠹更喜欢取食小麦、花生和大米，而不喜欢大豆和玉米粕。

形态特征：成虫体长 1.8～3 mm，宽 0.9～1.7 mm。头部、前胸背板表皮暗褐色至黑色，鞘翅红褐色至暗褐色；鞘翅上的花斑及淡色毛斑均不清晰，仅有若隐若现的深浅花纹，这一点与常见的其他斑皮蠹，如花斑皮蠹、黑斑皮蠹区别明显（图 3-49，见彩插 47）。由于早先的鉴定资料中缺少清晰的彩色图片，曾有媒体依据其背面观将烟草甲误认为是谷斑皮蠹。触角 11 节，雄虫触角棒 3～5 节，雌虫 3～4 节；雄虫触角窝后缘隆线消失全长的 1/3，雌虫消失全长的 2/3；老熟幼虫体长 5～8 mm；在排除体表箭状毛的影响下，可以看到幼虫体色多呈较均一的亮黄色，而其近似种黑斑皮蠹幼虫每幼虫每一体节前部明显暗褐色，后部浅褐色。要准确判别谷斑皮蠹幼虫则需要进行解剖，斑皮蠹幼虫中仅谷斑皮蠹与黑斑皮蠹幼虫上内唇乳突为 4 个，其余斑皮蠹为 6 个；另外，其腹节第 8 节背板上有明显的前脊沟，而谷斑皮蠹幼虫第 8 节背板上前脊沟很弱或几乎没有（王新国等，2009）。

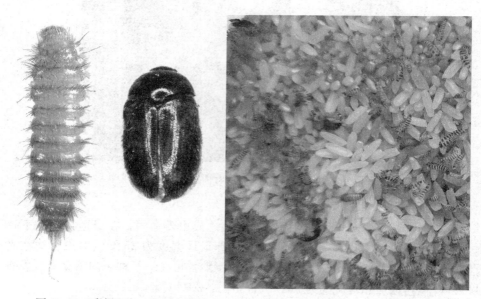

图 3-49（彩插 47） 谷斑皮蠹幼虫、成虫和为害状（从左至右）（王新国/摄）

在东南亚，谷斑皮蠹 1 年发生 4～5 代或更多，从 4 月至 10 月为繁殖为害期，11 月至翌年 3 月以幼虫的状态在仓库缝隙中越冬。幼虫在末龄蜕皮中化蛹。成虫羽化后 2～3 日开始交尾产卵。卵散产，每雌虫一般产卵 50～90 粒，平均 70 粒。幼虫在正常情况下有 4～6 龄，多者达 7～9 龄。在 21℃下完成一个发育周期需 220 天，而在 35℃时仅需 26 天。成虫丧失飞翔能力。

谷斑皮蠹之所以成为国际上著名的检疫性害虫，主要在于其超强的耐热、耐寒、耐干、耐饥及抗药能力。幼虫可以在食物含水量 2% 的条件下完成发育，而发育的湿度范围也宽达 1%～73%。其在 -21℃下可经受 4 小时，而其最高发育温度可达 40～45℃。在缺少食物的情况下，其幼虫可于休眠和滞育中存活 4～8 年（张生芳等，1998）。而在检疫实践中发现，对于集装箱中的幼虫，在按常规熏蒸处理 2 次后，仍可见到部分活体幼虫。

四、双钩异翅长蠹（*Heterobostrychus aequalis* Waterhouse）

双钩异翅长蠹属鞘翅目、长蠹科（Bostrichidae）、异翅长蠹属（*Heterobostrychus*）昆虫。本属昆虫常见种还有棕异翅长蠹（*H. brunneus* Murray）、二突异翅长蠹（*H. hamatipennis* Lesne）和直角异翅长蠹（*H. pileatus* Lesne），其中双钩异翅长蠹最为常见。本种昆虫为我国进境植物检疫性害虫。

双钩异翅长蠹原产于东南亚，现除东南亚外，尚分布于美国、以色列、日本、巴布亚新几内亚、古巴、苏里南、马达加斯加等地，我国国内局部地区有分布（陈乃中等，2001）。

双钩异翅长蠹可危害白桦、榆树、凤凰木、合欢、芒果、黄檀、柚木、洋椿、榄仁、桑、榆树、龙脑香属、橄榄属、木棉属等多种阔叶植物。

形态特征：成虫圆柱形，赤褐色到黑色；雌虫长 6～8 mm，雄虫长 7～10 mm。头部上唇前缘密布金黄色长毛；触角 10 节，锤状部 3 节，其长度超过触角全长的一半，端节圆；前胸背板前缘呈弧形凹入，前缘角有 1 个大的齿突，两侧缘具 5 或 6 个锯齿突；小盾片四边形；鞘翅两侧近乎平行，至翅后 1/4 处急剧收缩。雄虫与雌虫相似，但在斜面上两侧有 2 对钩状突起，端部向内上方弯曲，而雌虫则只有微隆起，无尖钩（图 3-50，见彩插 48）。

图 3-50（彩插 48） 双钩异翅长蠹雄虫
（王新国/摄）

双钩异翅长蠹是热带和亚热带地区常见的钻蛀性害虫，具有寄主广、钻蛀能力强、繁殖量大等特点。可以终身在木材等寄主内部生活，仅在成虫产卵和交尾时外出活动。一般 1 年 2～3 代，以老熟幼虫或成虫在寄主内部越冬。越冬幼虫于次年 3 月中旬化蛹，蛹期 9～12 天，3—4 月为羽化盛期（杨长举等，2005）。根据进境检疫实践，双钩异翅长蠹最经常出现在木质包装和板材中，似乎其对缺少水分的木材有强烈的耐受性或喜好性（图 3-51，见彩插 49）。因此，应对来自疫区的进境木质包装及板材等加强检疫，以防此虫随之传播。

图 3-51（彩插 49） 双钩异翅长蠹为害状 （娄定风/摄）
（A：幼虫为害，B：成虫为害，C：木条被蛀空）

五、褐纹甘蔗象 (*Rhabdoscelus lineaticollis* Heller)

褐纹甘蔗象是鞘翅目、象虫科（Curculionidae）、隐颏象亚科（Rhynchophorinae）、甘蔗象属（*Rhabdoscelus*）的一种昆虫，是近年入侵我国的一种新害虫。该虫原产于菲律宾的吕宋岛（Luzon）、内革罗岛（Negros）及其邻近的菲律宾群岛等。褐纹甘蔗象的主要寄主植物有两类，一是用于绿化观赏的多种棕榈科植物，如加拿利海枣、大王椰子、国王椰子、刺葵、散尾葵、海枣、蒲葵、椰子、假槟榔等；二是一些大田作物，如甘蔗、玉米、香蕉等（陆永跃等，2004）。

成虫体长约 16 mm，宽 5 mm；鞘翅赭红色，具黑褐色和黄褐色纵纹；触角索节 6 节；棒不扁平，端部密布细绒毛；前胸背板呈倒酒杯状，背面略平，具 1 条明显的黑色中央纵纹，该纵纹在基部 1/2 扩宽，中间具有一明显的浅色纵纹；小盾片黑色，舌状；臀板外露，具明显深刻点，端部中间刚毛组成脊状；足细长，跗节第 4 节退化，隐藏于第 3 节中；跗节 3 二叶状，显著宽于其他各节（图 3-52，见彩插 50）。

图 3-52（彩插 50）　褐纹甘蔗象成虫背面观（左）和危害状（右）

（王新国/摄）

近年来，由于我国房地产业的高速发展，小区绿化需要大量进口棕榈科绿化树木。加拿利海枣以其树形优美、容易栽植深得民众喜欢，因此进口量大大增加。由于加拿利海枣多以成株进口，树形高大，在集装箱中难以取出和放入，因此，在进境检疫时，多数情况下只检疫露在货柜口的根部或梢部，而无法对全株进行充分检疫。目前在明确发现的褐纹甘蔗象入侵事例中，北京和广东所发现的褐纹甘蔗象都是在加拿利海枣上发现的，因此可以推测，褐纹甘蔗象可能是随着进口的加拿利海枣传入我国的。此虫主要在加拿利海枣叶柄处蛀害，而加拿利海枣树形较为高大，因此前期很难发现。常常等到发现虫害时，大量的叶柄已被蛀空，仅余树体中央少量心叶。由于此虫除危害棕榈科植物外，也能严重危害甘蔗，而广东西部及广西南部恰是我国甘蔗主产区，因此，在目前零星发现的情况下，应加大监测和防治力度，以防其侵入甘蔗产区，保护我国的甘蔗生产及制糖业。

六、松瘤小蠹 (*Orthotomicus erosus* Wollaston)

松瘤小蠹为鞘翅目、象甲总科、小蠹科（Scolytidae）、瘤小蠹属（*Orthotomicus*）昆虫。

在国际上较新的分类系统中，小蠹科被置入象甲科，成为小蠹亚科（Scolytinae）。

松瘤小蠹普遍分布于欧洲地区，在英文中被称为 Mediterranean pine engraver beetle，也发生于叙利亚、伊朗、阿富汗和美国，在我国河南、陕西等地有发生（蒋裕平等，1992）。据世界入侵物种数据库（Global invasive species database）记载，松瘤小蠹目前已传入世界各地，本种害虫除了能严重危害树木外，还可携带植物病原菌（*Sphaeropsis sapinea*），此种病菌可对多种松属（*Pinus*）树木有致死作用，常发生于马尾松林区，为常见害虫。

成虫体长 2.5～3.4 mm。圆柱形，粗壮，锈褐色到暗红色，有光泽。复眼长椭圆形，眼前缘凹刻呈弧形。额部稍隆，底部光亮，刻点较疏散。额部中部有一无刻点的光滑纵纹。前胸背板背面观近方形，前部稍窄。鞘翅两侧近平行，仅在近端部斜面时稍收缩。鞘翅斜面向下球形下凹，两侧变薄突出成刃状，侧缘上雄虫各有 4 个齿突，雌虫有 3 个齿突（图 3-53，见彩插 51）。

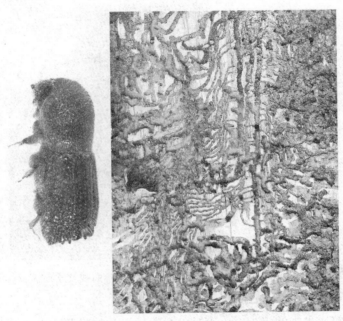

图 3-53（彩插 51） 松瘤小蠹成虫（左）及危害状（右）

（王新国/摄）

在进境检疫中，经常在进口美国花旗松中发现松瘤小蠹，常与美雕齿小蠹（*Ips calligraphus* Germar）、南部松齿小蠹（*Ips grandicollis* Eichhoff）混合检出。笔者曾在陕西汉中南郑一新伐松木堆场上，发现其上有大量的松瘤小蠹成虫和幼虫，所有伐木几乎全部受害。

七、台湾乳白蚁（*Coptotermes formosanus* Shiraki）

台湾乳白蚁属等翅目、鼻白蚁科（Rhinotermitidae）、乳白蚁属（*Coptotermes*）昆虫。本属昆虫很多种类不仅能在森林中危害活的树木，也可以在木材中生活，并随木材贸易远距离传播，因此具有重要的检疫意义。我国在 2007 年将乳白蚁属（非中国种）全部列入进境植物检疫性生物名录之中（质检总局，2007）。

台湾乳白蚁是广泛分布于我国南方的一种害虫，由于其具有入室危害房屋木质结构及木质家具的特性，因此最早在民间被称为家白蚁。在我国南方，城市房屋，尤其是年代较久的木质古建筑常常受害严重。南方各城市都设有白蚁防治机构，而其所研究和防治的主要对象就是台湾乳白蚁。即便是现代水泥结构的楼房中，其中的门框、地板、家具等也经常受害。目前，台湾乳白蚁已传入到南非、斯里兰卡、美国南部、夏威夷及太平洋上多处岛屿，另外在巴西也有发现（王新国等，2014）。

形态特征：兵蚁头部背面观呈椭圆形，但在个别巢穴中也发现同时出现圆头兵蚁的现象；上颚弯刀状，颚尖部弯曲度一般，不如曲颚乳白蚁弯曲度严重；囟孔两侧缘各有刚毛2根；触角一般15节，但初级小巢中有个别个体为14节，另在成熟大巢中有个别个体达16节；头部背面观浅黄色；前胸背板两侧不呈叶状；一般头宽为1.0～1.3 mm（黄复生等，2000）（图3-54，见彩插52）。

图3-54（彩插52） 台湾乳白蚁兵蚁（左）背面观及危害状（右）

（王新国/摄）

有关我国乳白蚁属种类的多少，一直是一个比较混乱的问题。由于乳白蚁兵蚁本身形态结构的特殊性，体壁骨化程度低，缺少生殖器、翅、复眼、色斑等分类的重要特征，因此长久以来，分类上同物异名现象比较严重。尤其对于台湾乳白蚁，由于其在我国南方分布的普遍性，种群之间变异较大，常被误分为多个新种类，仅《中国动物志昆虫纲等翅目》中列出的同物异名就达7个之多，而其中同时列出的我国乳白蚁种类达24种之多。事实上，随着近年来对乳白蚁分类的深入研究，尤其是分子生物学技术的普遍应用，又发现了台湾乳白蚁更多的新异名。根据国际相关乳白蚁最新综述及我国乳白蚁近年来多人的研究成果，可以认为在无新证据的情况下，我国的乳白蚁有效种类只有台湾乳白蚁（*Coptotermes formosanus* Shiraki）和格斯特乳白蚁（*C. gestroi* Wasmann）两种，其余一律视为疑问种（王新国等，2012；2014）。

八、橘小实蝇 [*Bactrocera dorsalis*（Hendel）]

橘小实蝇属双翅目、实蝇科（Tephritidae）、果实蝇属（*Bactrocera*）昆虫。实蝇科种类全世界已记录4 500余种，中国约有400余种（吴佳教等，2009）。然而大部分实蝇只取食野生植物果实和种子，只有少数种类严重危害各种水果、蔬菜等，并成为农业上的大害虫。其中，国际上最为重要的为地中海实蝇（*Ceratitis capitata* Wiedemann），一直都被列为我国进境植物检疫性害虫。

橘小实蝇分布于日本、缅甸、越南、马来西亚、印度尼西亚、菲律宾、印度、巴基斯坦、斯里兰卡、毛里求斯、澳大利亚和夏威夷等地；国内分布于广东、广西、福建、云南和台湾等地（陈乃中等，2001）。

橘小实蝇是一种重要的检疫性果蔬害虫，据记载，其寄主多达250多种，包括我国南方广泛栽培的柑橘、柠檬、芒果、番石榴、杨桃、蒲桃等，另外也危害葡萄、杏、李、胡桃、橄榄、樱桃、酸橙、番茄、西瓜、西番莲等水果。其对番荔枝危害尤其严重，果园不套袋几乎会绝收（陈乃中等，2001）。另外，虽然橘小实蝇分布在并没有种栽苹果、梨等的南方区域，但是橘小实蝇成虫可在南方室外水果销售摊点上产卵于苹果、梨、桃等北方水果，并导致水果在一两周后失去食用价值。

形态特征：成虫体长6～8 mm，翅长5～7 mm。头黄褐色，颜面上在触角之间有一对圆形黑斑；胸部黑色，肩胛、背侧胛、中胸侧板、后胸侧板大斑点和小盾片均为黄色；翅前缘带褐色，其在端部加宽不明显；腹部黄褐色，第1腹节黑褐色到黑色，第2腹节中部有一黑横带，第3腹节前部及两侧都为黑褐色，腹部其他节中央有一黑色纵纹，并与第3节上的黑色纹形成一个大的T形斑。雌虫产卵管末节长度为其基部宽度的6倍左右（图3-55，见彩插53）。

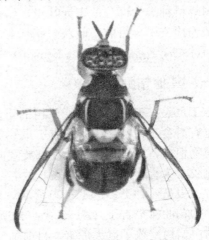

图3-55（彩插53） 橘小实蝇成虫
（王新国/摄）

橘小实蝇在我国台湾地区一年发生3～5代，左右，产卵前期在夏季约20天，秋季25～60天。果被害后，即由产卵孔处排出汁液，凝成胶状，以后则成乳突状突起。幼虫孵化后群集果瓤内为害，导致果实内部空虚或腐烂，故常未熟先落。在落地的蒲桃摔碎后，常可看到大量的白色幼虫。如果果内幼虫不多，也常会果坏而不落，最后老熟幼虫穿果而出（图3-56，见彩插54），弹落地面，然后入土化蛹。蛹期在夏季为8～9天，春季10～14天。

由于正规进口水果一般采用冷藏运输，因此极少会检出实蝇等活虫。实蝇类主要靠出入境旅客无意携带的少量水果传播。由于广东、广西等南方省份常在城市中栽植大量芒果为绿

无严格的越冬现象。成虫羽化多在上午8时左右（秦誉嘉，2017）。成虫产卵于果瓤与果皮间。

图3-56（彩插54） 橘小实蝇在番石榴上的
危害状 （娄定风/摄）

化树木，其果实无用，无人管理，造成橘小实蝇在城市里大量发生；待芒果落果后，橘小实蝇则群聚到露天水果销售点，肆意为害摊档水果，其中也包括了本不在橘小实蝇为害范围的北方水果，如苹果、梨和桃子等。被害水果往往在出现症状前被销售食用，而若不慎久放，则会发现果实内部已被蛀腐败。

九、云杉树蜂（*Sirex noctilio* Fabricius）

云杉树蜂属膜翅目、广腰亚目、树蜂科（Siricidae）、树蜂属（*Sirex*）昆虫。树蜂科是膜翅目的一个小科，全世界树蜂科约有 103 个种及亚种，我国已知 54 个种及亚种（陈乃中，2009）。由于种类较少，大部分种类经济意义一般，因此国内对其研究并不深入。

云杉树蜂原产于欧洲与北非，现已传入南非、澳洲、亚洲北部和南美地区。我国目前并没有云杉树蜂的发生。

树蜂科种类大部分危害针叶树，如云杉与松树，仅有个别种类危害阔叶树。我国口岸在进境植物检疫中，目前已截获包括云杉树蜂、蓝黑树蜂（*S. cyaneus* Fabricius）、泰加大树蜂（*Urocerus gigas taiganus* Benson）等多种树蜂。

十、其他钻蛀性昆虫

吉丁虫是一类危害林木、果树的重要害虫。成虫咬食叶片造成缺刻，幼虫大多蛀食树木，也有潜食于树叶之中的。吉丁虫蛀食枝干皮层，多数幼虫穿孔于植物枝杆部；个别幼虫蛀食植物根部，啃食韧皮部，以螺旋式向上蛀食，粪便不断排出，呈毫不起眼的褐色，被害处有流胶，为害严重时树皮爆裂，故名"爆皮虫"，甚至造成整株枯死。

吉丁虫虽然种类多达 15 000 多种，但造成严重危害的种类不多。在检疫中比较重要的种类，如花曲柳窄吉丁（*Agrilus planipennis* Fairmaire），原产于北美洲，后传入我国，对我国的白蜡树造成了巨大危害，目前估计有近千万株白蜡树受害或死亡。

近年来，我国从进口非洲的木材中频繁发现一种钻蛀木材的吉丁，滑背星吉丁（*Chrysobothris dorsata*）。然而，关于此种吉丁的生物学等信息非常有限，目前只能明确其主要寄主为刺猬紫檀。由于在进境检疫中截获滑背星吉丁虫已经超过千次，因此应引起检疫部门对其的关注。

长小蠹是普遍分布于热带和亚热带的钻蛀性害虫。这类昆虫会以成虫蛀入树干内，培养随身携带的真菌，并在隧道内产卵，孵化出来的幼虫即以此真菌为食，因此，长小蠹又称为食菌小蠹。长小蠹很少危害健康或生长旺盛的树木，主要入侵由于环境或营养不良造成的衰弱树。其直接入侵虽不至于导致树木死亡，但其携带的真菌常会对树木造成更严重的伤害，加速树木的死亡。在进境检疫中经常截获中对长小蠹（*Platypus parallelus* Fabricius），一种分布相当广泛的热带亚热带森林害虫，也是我国进境植物检疫性害虫。

其他常见的钻蛀性昆虫还有叩甲、坚甲、粉蠹、窃蠹、筒蠹、锯谷盗、露尾甲、长角象、三锥象、卷象、潜蝇、种蝇、蠹蛾、螟蛾、夜蛾等，限于篇幅，此处不做一一介绍。

第四章

钻蛀性昆虫的发声

第一节　蛀虫发声机制

根据昆虫是否具有发声器官，昆虫发声可分为两大类：一类由专门的发声器官发声；另一类无专门的发声器官，而在取食、清洁、筑巢和飞翔等活动过程中产生声波。

发声器官发声有下面几种类型：①摩擦发声；②膜振动发声；③气流振动发声；④碰击发声。

非发声器官发声的类型有：①振翅发声；②振动发声；③拍打、敲击发声；④取食发声；⑤其他活动发声。

一般来说，通过发声器官的发声大多具有生物学意义；非发声器官发声有很多是伴随活动产生的，没有生物学意义，而一部分可以被其他生物所利用。

钻蛀性昆虫带有发声器官的种类较少，报道有发声器官的科为：①摩擦发声：天牛科，拟步甲科，铁甲科，露尾甲科，长蠹科，长小蠹科，黑蜣科，锹甲科，犀金龟科，夜蛾科，木蠹蛾科，螟蛾科；②碰击发声：叩甲科，小蠹科；③膜振动发声：夜蛾。无发声器官发声的科为：①振翅发声：天牛科，螟蛾科；②敲击发声：窃蠹科。上述发声的基本为成虫（娄定风，2012）。

随着昆虫声学研究的进展，采用微声检测仪器检测，发现绝大多数蛀虫都能通过非发声器官的发声方式发声，其中最多的是取食发声。具有咀嚼式口器的昆虫，取食时会切断植物组织，摩擦发声或植物纤维断裂发声。实蝇科幼虫有弹跳习性，与寄主碰撞也会发出声音。另外，昆虫爬行、蠕动、碰撞均会发出微弱的声音。

第二节　蛀虫发声虫态和龄期

蛀虫发声很普遍，主要出现在活动的虫态：幼虫和成虫。部分蛹能够活动，也能发出声音。钻蛀期间活动的虫态就是发声的虫态。理论上，从幼虫开始取食时就进入发声时期，因此一龄幼虫就可以发声。然而，受到仪器灵敏度的限制，可以检测到发声的龄期取决于仪器的性能。

第三节　蛀虫发声时间

蛀虫活动虫态所处的季节便是发声季节，而由于基本上成虫才具有发声器官，器官发声的季节出现在成虫期。不同的钻蛀性昆虫种类活动季节不同，导致各种类发声季节（或时间段）的不同。如果一个寄主有多种蛀虫钻蛀，各个种类发声时期叠加，导致总的发声时期延长。

同一种类，尤其是一年中有多个世代的种类，由于世代重叠，某些个体在非发声虫态时，其他个体正处在发声虫态，该种昆虫群体的发声季节则很长。同一寄主中的同一种类蛀虫，如果有多个个体，个体间发育时间差异，也会使整个发声周期拉长。仅有 1 头蛀虫时，发声时期相对最短。

多数蛀虫钻蛀时期由于寄主组织的遮挡，无法感受到白天的光照，因此活动不易受到昼夜的影响，全天发声（图 4-1）。

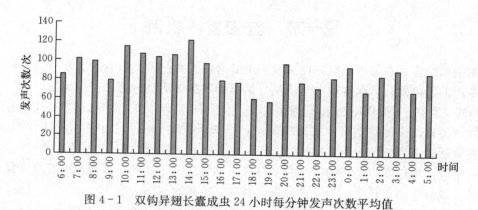

图 4-1　双钩异翅长蠹成虫 24 小时每分钟发声次数平均值

蛀虫个体发声的时间间隔有差异，种间差异也很大。如果个体较多，发声叠加后，每次发声的间隔时间很短，而喜欢独处的蛀虫，发声频次就是个体发声的频次了。

第四节　蛀虫发声类型与特征

器官发声是昆虫特有结构发出的，往往具有很强的种类特异性和种间差异性，在时域和频域方面有一定的特点。

非器官发声除了受昆虫自身因素影响外，还受到周围环境因素影响，因此，同一种蛀虫的活动发声在不同条件下会有所不同。另一方面，同一种发声机制会有相似的特征。活动发声的常见类型有以下几种：

1. 取食声

取食发声在非器官发声中一般是最强的，也常常作为声检测的主要对象。取食发声主要是由蛀虫咀嚼式口器噬咬导致植物纤维断裂产生的。蛀虫的噬咬习性对声音类型有重要的影响。

许多蛀虫口器较小，取食时每次只是咬断少数植物纤维，这种声音不会持续，刚发出的声音在环境中迅速衰减，产生短促的声脉冲，持续时间平均在十几毫秒，在波形图上形成一个三角形的波形（图4-2），侦听时一般都是短促的"咔咔"声。

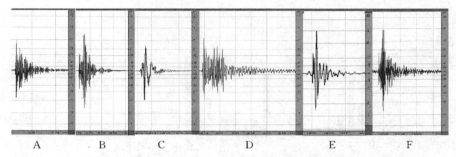

图4-2 6种木材钻蛀害虫幼虫蛀食声单个脉冲时域图

A. 鳞毛粉蠹；B. 双钩异翅长蠹；C. 棕异翅长蠹；D. 黑双棘长蠹；E. 刺角楝天牛；

F. 宽斑脊虎天牛。纵坐标为振幅分贝数，横轴位置为-∞dB；横坐标为时间。

较大的蛀虫，如天牛，上颚发达，咬力大，一次可以连续咬断多条植物纤维，取食声可为连续的"嘎嘎"声。

2. 弹跳声

实蝇类幼虫没有发达的口器，取食靠口钩，取食对象为果实柔软的果肉，无法发出响亮的取食声。但是，其幼虫有弹跳的习性，力度大，碰撞到寄主会产生明显的弹跳声。这种声音与取食声类似，短促的"咚咚"声，三角形波形（图4-3）。

3. 爬行声

爬行声是昆虫持续行进时发出的，一般有连续性。成虫6只足交替接触物体表面，听起来是有规律的"沙沙"声；幼虫蠕动体节伸缩摩擦周围物体，会发出持续而有节奏的声音。

4. 蠕动声

无足幼虫的移动形式是蠕动，部分蛀虫的蛹也有蠕动习惯。蠕动时虫体与寄主摩擦，能产生较持续的声音。

一般来说，发声音量多随虫体大小而异，一般虫体越大，发声越大，同一种类个体间如此，不同虫种间也大致如此（表4-1）。

秒

图4-3 实蝇波形图

表4-1 6种昆虫幼虫蛀食声最大声强度

虫　　种	最大声强（dB）	虫　　种	最大声强（dB）
刺角楝天牛	0	棕异翅长蠹	-10.18
宽斑脊虎天牛	-4.49	黑双棘长蠹	-15.23
双钩异翅长蠹	-5.67	鳞毛粉蠹	-22.85

同理，虫龄越大，相对发声音量也越大。然而，幼虫和成虫属于两个不同发育阶段，口器结构差异较大，发声特点会有差异。

用双钩异翅长蠹幼虫和成虫进行比较，二者在取食声脉冲主频上有差异（图4-4，见彩插 55）。幼虫主频主要集中在 5 400～5 500 Hz 和 6 200～6 300 Hz 两个频率范围，而成虫主频大多在 6 900～7 000 Hz 的范围。

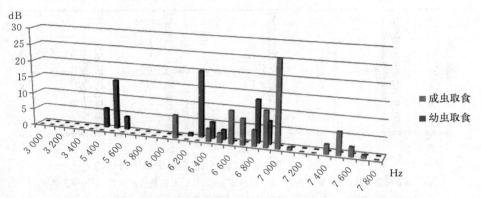

图 4-4（彩插 55） 双钩异翅长蠹幼虫和成虫取食声主频分布 （娄定风/绘）

不同虫种的取食声也会随着口器结构的差异和种类习性的差异而有所差异（表 4-2）。

表 4-2 各种害虫蛀食声单个脉冲持续时间

单位：ms

虫　　种	平　　均	虫　　种	平　　均
双钩异翅长蠹	26.3aA	棕异翅长蠹	11.5bB
黑双棘长蠹	25.8aA	鳞毛粉蠹	9.5cB
刺角棣天牛	23.4aA	宽斑脊虎天牛	9.4cB

注：同列数据后不同小写字母表示差异显著（$P<0.05$），不同大写字母表示差异极显著（$P<0.01$）。

第五节　蛀虫发声影响因素

一、昆虫自身因素

蛀虫活动，包括取食、爬行、蠕动等，是蛀虫的习性所决定的，大多有一定的规律。

不同虫种的器官发声因器官构造不同而不同，非器官发声中，取食声受到咀嚼式口器的尺寸、形状、咬合力度、取食习性等而有所不同。不同虫种个体大小不同，其口器大小也不同，取食发声就有差异。

幼虫和成虫的口器结构、咬合力度、取食习性等有差异，也会影响取食声。幼虫不同虫龄的口器大小和咬合力度不同，取食声有一定差异。

各种差异影响了发声的多个特征：

① 发声时间。不同虫种、虫态、虫龄的发声时间，每个个体发声间隔期，虫口密度等，决定了发声的季节、时段、发声频次、发声持续性。多数情况下，蛀虫成群生活，平均发声间隔期较短；仅有少数蛀虫种类，如部分天牛，虫口密度低，发声间隔时间长，会出现较长时间的静默期。

② 发声音量。虫体大的大多发声强，不仅与种类有关，而且也与龄期有关。不同虫种的发声音量也不仅限于虫体大小，其咬合力、口器结构等也有影响。

　　由于蛀虫取食声多为短促的声脉冲，时间很短，因此，即使虫口密度较高，声脉冲重叠的机会很少；即使叠加，由于相位不一致，很少有声音增大的情况。

　　③ 发声中止和启动。有些种类有假死等习性，受到震动时不活动；另外一些种类，受到震动会蠕动。

　　④ 音频特性。每个种类发声的时域特征和频域特征都有差异。

二、环境因素

　　环境因素主要是通过影响蛀虫的活动来影响其发声的。不适合蛀虫活动的因素或某因素的某段范围会减少蛀虫的活动，甚至杀死蛀虫，从而抑制蛀虫的发声。

　　对蛀虫发声影响最大的当属温度。在15 ℃以下，大多数蛀虫很少活动，因而发声也大大减少。15 ℃以上时，随着温度的增加，活动也增加，发声次数随之增多（图 4-5）。

　　在现场查验时，查验人员的步行、操作，以及木材被搬动、运输工具的运动等都会产生震动。震动对部分蛀虫（多为成虫）有暂时抑制作用，而对另一部分蛀虫（主要是蛹期）有促进作用。在低温不发声的情况下，蛀虫已经休眠，未发现震动促进发声的现象。

　　外界噪声一般不影响蛀虫发声，但是对声检测影响很大。只有控制在一定水平以下，才能获得良好的声检测效果。

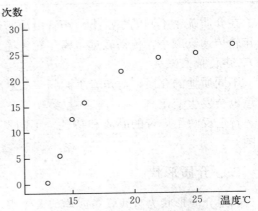

图 4-5　温度（X）与双钩异翅长蠹幼虫
声脉冲次数（Y）（娄定风/绘）

三、检测因素

　　仪器灵敏度本身对于蛀虫发声没有影响，但是对能否检测到发声影响很大。只有仪器足够灵敏才能检测到蛀虫的发声。提高灵敏度才能检出更轻微的蛀虫声。

　　仪器内在噪声会抑制或影响检测效果。

第六节　蛀虫声传播的影响因素

　　蛀虫声的传播受到很多因素的影响，在检测时，考虑这些因素，可以避免检测受到的影响；同时，也可以根据这些因素的影响规律，做出正确的判断。

一、介质质地

　　蛀虫活动接触的区域及声音传播途中经过介质的质地，对于虫声的传递有很大影响。

　　均匀质密的介质声传递性能好，声速大，传播距离长；在质地稀疏及多孔的介质中，声速小，传播距离近。一般情况下，声音在固体中传播的最快，液体其次，在气体中的传播最慢（表 4-3）。

表 4-3　各种物体中声传导速度

物　　体	声传导速度（m/s）	物　　体	声传导速度（m/s）
真空	0（不能传播）	砖墙	2 000
空气（15 ℃）	340	铜（棒）	3 750
空气（25 ℃）	346	大理石	3 810
软木	500	铝（棒）	5 000
煤油（25 ℃）	1 324	铁（棒）	5 200
蒸馏水（25 ℃）	1 497	玻璃	5 000～6 000
海水（25 ℃）	1 531		

在介质疏密不同的情况下，声音沿质密部分的方向传导快且远，如在木材中，虫声沿密质年轮传递衰减小，传播较远，跨年轮传递衰减大，传播距离近。介质为多孔结构时（如谷物），声传播衰减大。

不同质地的介质，对声音不同频率的衰减程度也不一样，同样的声音经过不同介质后，音色也会发生变化。

音色反映了声音的品质和特色，不同发声体的材料、结构不同，发出声音的音色也就不同。

二、介质形状

如果介质形状为直线长条或均匀大体积，声音传播无障碍，传得远；反之，如果传播途中转弯多，则虫声传播距离近。如树木上蛀虫虫声经过多个树枝杈，则可检测到虫声的位置距离声源近；而粗大的树干上，虫声传递距离远。

三、介质湿度

介质湿度大，说明介质内空气间隙少，对声波的衰减小，声音可以传播得更快更远。干燥木材中，细胞失水，形成很多孔隙，容易吸收声音，产生较大的声阻，因此，虫声在活树上的传递效果要比在干燥木材上好。

四、介质温度

温度越低，声音传播得越快；温度越高，声音传播得越慢。温度影响传播速度主要是由于空气密度引起的，温度低时空气密度大，温度高则密度小。

五、物体叠加

声音在经过不同密度介质的边界时，会发生反射，穿越多个介质后，能量发生较大衰减。在一个样品中的虫声传到邻近的其他样品时，声音会小很多。检测时，这个原理对判断蛀虫的位置很有帮助。

六、传播距离

声音传播距离越远，由于中途发生衰减，音量则越小，声音频率也发生变化，高频部分衰减得更厉害。在树木上，近处的虫声清脆，远处则圆润。

由于不同虫种发声强弱不同，可检测到虫声的有效距离不同。一般而言，木材上的小型虫种距声源 20 cm 以内检测较好，大型虫种检测距离可以远些。

七、检测位置

受到上述因素的影响，与声源距离相同，位置不同的检测点，接收到的声音信号有所不同。木材上声源在木材边缘，在木材截面圆心的位置检测，比沿边缘相同距离的点检测声音要小。在相邻木材一定距离下检测，比在同一木材上同等距离检测声音要小。

另外，由于声音传播到介质的边界时会发生反射，因此，在介质边界处检测，声音反而比其他位置大（图 4-6），在原木截面可获得较好的检测效果。

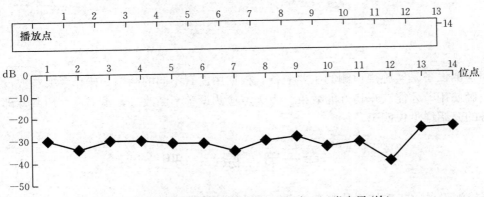

图 4-6　不同位置检测音量大小（图/表）（娄定风/绘）

八、虫声性质

由于声音频率越高，传播过程中的衰减越大，原本尖锐的虫声在较远的距离听到时会变得浑厚。

在同种蛀虫不同的虫声中，器官发声常常传播得较远，取食声其次，蠕动和爬行声传播距离较近。

第五章

声 检 测 设 备

声检测设备是实施声检测的主要装备，根据用途有不同的结构，操作者要掌握设备的原理，正确使用，才能获得良好的效果。由于声检测设备不断改进，本书仅介绍共性部分，具体设备的介绍详见说明书。

第一节 原 理

声检测设备收集物体上的声音信号，通过信号处理，形成可以听到的声音和可供分析的声信号，并将声信号表现为图谱或文字提示。带有人工智能的设备则可对声信号进行自动进行识别，判断虫声及其性质。

第二节 设备结构

探头、主机、监听器（如耳机）和监视器（如屏幕）构成最基本的配置。在此基础上，根据不同物品和蛀虫类型，配备各种声采集器；视环境噪声，配备降噪设备（如降噪箱）。

筒形声采集器适用于木材类物品，包括一个探头座盒和一个盒盖，用于将探头固定在木材上，并将虫声从固定螺钉上导入探头。当有无损检测要求时，可在筒形声采集器后面凹槽处嵌入三脚架的一条腿并用螺钉紧固，另两条腿支撑，使筒形声采集器探测螺钉接触检测物体。用此种方式采集虫声，声信号较钉入方式稍弱，适合在噪声较小的环境使用。

多层声采集器用于细小样品，如粮食、豆类，多个格子可以容纳多份样品，一次可以检测多份样品，提高了检测效率。靠接触方式采集虫声，声信号较钉入方式稍弱，一般多将多层声采集器放入降噪箱内使用。

平板声采集器可以容纳大的样品，如果一份样品数量少，平板声采集器也可以同时检测多份样品。和多层声采集器一样，使用时宜放置在噪声较小的环境中。

夹式声采集器方便快速夹放，能够在检测完后迅速更换下一个样品。此声采集器靠接触方式采集虫声，声信号稍弱，适合在噪声较小的环境使用。

降噪箱用于减少外界噪声的干扰，将声采集器及样品放入降噪箱，关闭箱盖，形成一个隔音环境。降噪的目的是减低噪声量，使之达到声检测允许的噪声阈值以下。由于无论什么材料，都只能降低一定比例的噪声，因此，即使使用降噪箱，对外界的噪声也要控制在一定标准以下，从而保证箱内的噪声低于临界值。

第三节　声检测软件

声检测设备的主机安装了软件，配合设备完成检测功能。软件的主要功能有：

① 信号处理。将声信号进行降噪、调节、分析。

② 记录数据。实现录音、截图和文字记录，从而记载检测时发生的情况和各种资料，并实现数据备份等。

③ 文件处理。对记录数据的文件进行命名、修改、删除等操作。

④ 智能分析。对声信号进行智能化处理，协助操作者更方便和准确地获得查验结论。

第四节　操作步骤

目前，声检测设备为单人使用的类型，其操作步骤如下：

一、充电

多数设备具有两部分：声采集部分和屏显部分。前者用于采集声音，可独立运行；后者用于分析信号，结合声采集部分一起使用。两个部分常常需要分别充电。另外，声检测设备套件中还可能包括电起子和降噪耳机，也需要进行充电。

为保证检测期间设备正常使用，需要在检测前进行充电。声检测设备可能配备了不同的充电器和充电线，充电线一端连接充电器，另一端连接用电部件。充电线连接用电部件的插头与用电部件的插座是对应的，一般不会用错。使用 USB 接口的充电器和充电线，一般都是规范的，但是电起子的充电器，如果采用非厂家配备的，需要注意输出电压和电源极性，以免烧掉电起子。充电要根据说明书操作，手边没有说明书时，要查看充电线的插头类型，插入适合的插座。充电时间一般在 2～4 小时。目前多使用锂电池，可以随时充电。

二、连接各部件

在检测现场进行设备的装载、连接，将探头、耳机等插头插入主机对应的插座。分体式设备进行无线连接时，要接好及拉出天线；有线连接时，要将连接线两端的插头分别插入探测端和主机的对应插座。多数连接线插头不容易接入别的插座，但也有些插头可以插到几个插座中，因此，使用时要先熟悉各个插座的用途，看清插座上的标志再插入。

一般在打开电源之前进行连接，以免带电操作损坏设备。

三、安装探头

使用筒型声采集器时，先拧开盒盖，将固定螺钉穿过盒底孔，然后用电起子套住钉帽，选择顺时针的方向将螺钉钉入检测物中，使钉帽挡片刚好接触到筒底。钉太紧容易损坏筒底胶垫，太松容易使声采集器晃动。在固定筒型声采集器后，将探头放入探头座，探针抵住螺钉帽，连线从线槽缺口处拉出。如果外界噪声较大或倒悬安装时，要旋上探头盒盖，将探头固定在盒内。

夹式声采集器的探头安装同筒型声采集器。固定螺钉穿过盒底旋紧在夹臂上，根据夹持需要调节探头座的位置，使螺钉直接接触到探测位置。

平板和多层声采集器具有探头座，将探头放入探头座，探针抵住板面，另一侧的螺丝旋入并顶住探头背面，紧固探头。

粘贴方式检测的，可以用胶皮粘住探头，探针从胶皮中间的孔洞穿出。

四、开机

打开声采集部分的电源，并将音量调节适中，可插入耳机试听音量。

主机屏显部分有按钮，按下打开电源，系统自动进入检测界面。

五、测试与调节

① 测试连通性。开机后，可用耳机试听音量，用手触摸探头接触的附近物品，如听到清晰的触摸声，表明连接正常，音量适中。勿用手直接触摸探针，否则会产生巨大的声音。

如果触摸没有声响，按照本章第七节的方法进行检查。

② 显示调节。通过对信号幅度、显示速度的调节，获得正常的信号显示。

如果信号幅度太小，波形图则显示一条直线，缺少波动，可调大显示幅度；如果信号幅度太大，波形占满屏幕，看不到整体的波动，可调小幅度。一般调节波动最大值到达满屏就是最佳状态。

显示更新速度过快，尚未看清波形便消失了，需要减慢速度；过慢则波形形状细节看不清，可以加速。波形图显示速度以能识别出虫声特征波形，并容易发现这类波形为适宜。

③ 降噪调节。很多噪声分布在声谱图的一侧，呈连续的深色带（彩插62），旋转降噪开关或点按软件上的降噪调节按钮，可以去除这些噪声。去除噪声后，波形图上的虫声信号将变得明显。

④ 信号调节。波形图和声谱图上虫声和噪声混在一起，不易区分。通过消除非虫声的噪声信号，在波形图及声谱图上可留下明显的虫声信号。

六、加载样品与检测

对于木材类物品，使用筒型声采集器，用螺钉将声采集器固定，放置探头，探针接触螺钉头，从而使检测物内的虫声信号沿螺钉传递到探头。

使用筒型声采集器检测家具类等不适合有损检测的物品时，在安装螺钉和探头后，将三脚架一条腿嵌入筒型声采集器盖上的凹槽并固定，螺钉抵住检测物，三脚架另两条腿做支撑。或者将粘好探头的胶皮的一面贴到检测物上。

如果需要快速检测，可以使用夹式声采集器，即夹即检。

小粒检测物可以放置到多层声采集器的格内，紧贴检测板。

检测较大的检测物时，将其放置在平板声检测器上，紧贴检测板，避免样品层叠，削弱声信号传递。

对降噪要求较高的，可以将检测物和声采集器放入降噪箱内。视检测的便利性决定先加载样品（如多层声采集器）还是先将声采集器（如平板声采集器）放入降噪箱内。

将样品加载到声采集器上检测，检测完毕后，更换样品，进行下一个样品的检测，直至检测结束。

七、数据记录与备份

检测结果可以进行记录，包括录音、屏幕截图和文字记录。记录以文件形式保存在声测设备内。

记录文件可以进行备份。

数据记录和备份通过设备的软件进行。

八、关机

检测结束后，触碰屏幕上的关机按钮，或在退出到操作系统界面时进行关机操作。

声采集部分也一并关闭开关。

九、断开连接

关机后，卸下探头、耳机和各种连接线。如果开机操作，有可能损坏设备。

十、清洁

对受污染的声采集器进行清洁。胶皮黏性不够时，可以取下用水洗，洗后晾干便可恢复黏性。

第五节　虫声研判

检测中虫声类型按常见顺序有：①取食声；②弹跳声；③蠕动声；④爬行声；⑤器官发声。

监听时，取食声一般为短促的"咔咔"声，强的像啃甘蔗，弱的像下雨；弹跳声为短暂的"咚咚"声；蠕动声是一阵阵连续的"吱吱"声；爬行声表现为持续的"沙沙"声；器官发声各异，带有明显的虫种特征。

从图像上看，取食声一般为单个三角形脉冲，因咬断植物纤维产生最初的声波，经过快速衰减，形成前大后小的声波图形，弹跳声也类似。在声谱图上，发声时往往会形成一个柱状图。同时出现三角形波形和柱状图为典型的取食声信号。器官发声常常是一组图像，每次发声图像基本相似。

从虫声出现的时间来看，因蛀虫的不断活动，在一段时间内，发声会反复出现，出现的时点具有随机性，并且一般长时间后出现的频次不变。

近距离的取食声听上去清晰而尖刻，传递距离较远时，声音变得浑厚。从图像上看，在波形图上近距离的信号大，三角形明显，距离远时变得浑圆。

在检测时，很多噪声信号会导致混淆，可进行降噪处理。

有些近似虫声信号的噪声出现在以下场合：样品未放稳，与周边摩擦时会产生微弱的声音，需要等待其稳定后再检测。某些烂水果破裂，或过干的木材钉入钉子后，也会有脉冲式的声音，极像虫声。所不同的是，在等候一段时间后，噪声声脉冲会减少，而虫声则保持相同的频次，因此，放置一段时间后再检测较好。另外，水果破裂声在声谱图上柱图比实蝇声更高些。

手机信号（收发短信和通话等）会影响侦听，会出现一阵阵的"咔咔"声。一般这类噪声时间短暂，图像特征可与虫声特征区别开。

第六节　维护保养

蛀虫声测仪是一种高精度的声检测仪器，使用时需要细心操作、精心保养，以保证仪器能够保持长时间的性能稳定，不发生故障。

仪器长期不使用，要定期检查电量是否充足，并定期充电，避免电池长时间电量下降导致性能不稳定。

仪器使用前要先检查电量是否充足，电力不足会造成声音忽大忽小，电量不足要充电。如果需要长时间检测，也需要先充电，以免检测过程中电量不足。

主机在做其他使用后，在声检测前要检查主机设置是否正确。

仪器探头属于精密部件，不能在探针接触物体时拖拽探头，以免探针损坏。

按照说明书接线，错误接线会导致无信号或仪器损坏。

不宜大力拉扯仪器连线，以免内部金属线断开，影响信号传输。避免移动仪器时牵拉连线将其他仪器部件扯拉而坠落。

筒型声采集器安装时，螺钉不宜拧得过紧，刚好贴到盒底的胶垫即可，过深容易损坏胶垫。

在降噪箱中检测时，应关好箱盖，避免缝隙处漏入噪声。探头引出线要放在线槽内，避免被箱盖压坏。

检测时，音量旋钮调整以能听清虫声、屏幕信号显示不超出边界为度。

重要的录音数据要做好备份。注意防止计算机病毒的侵染。

主机喇叭或耳机中传出连续尖声时，检查是否因探头靠近喇叭或耳机而产生啸叫。如果发生啸叫，降低音量，使主机或耳机远离探头。未插入耳机的应插入耳机，即可避免啸叫。

每次使用后，要用软布擦去仪器沾染的灰尘、水分等污物。声采集器与样品接触，容易被污染，使用后要及时清洗晾干。螺钉用后可用纸擦去木屑或树汁。

主机上尽量少安装其他软件，减少使用时的内存和 CPU 占用。硬盘上要保持较多的空间，以便存储录制的声音。

由于仪器部件较多，使用后要注意清点并及时放回箱包内。探头的探针比较娇贵，使用过程及存放时要注意不要与其他硬物刮擦，以免损坏。

第七节　问题与解决

声测仪使用中出现的问题，有些属于设备故障，需要厂家维修，还有一些属于常见的小问题，可以自行解决，或在厂家指导下解决。解决问题前，请先复习一下前面有关仪器说明的章节，以便充分理解和正确排除故障。下面是一些可能遇到的问题和解决方法。

一、没有声音

耳机中听不到声音时，先把耳机插入探测端插座，用手指轻触检测物，听是否有声音，检查检测物是否接触到声采集器，探头是否正确安装，探针是否接触正常，探测端开关是否打开，音量是否足够。如果正常，再检查探测端与主机线路连接是否正常。无线连接方式的，检查探测端的天线和主机天线是否拉出；有线方式连接的，检查连接线是否正确插入。检查波段开关是否调节到相应的连接档。看主机是否开机，音量旋钮是否适中，降噪旋钮是否适中。更换耳机，看是否为耳机故障。

探测端指示灯和主机屏幕不亮时，充电后再测试。

二、声音弱

声音很弱时，先调节音量看是否解决。再看声传递环节是否正常，线路是否连接正常。检查主机，看降噪旋钮是否适中。检查电量是否充足，充电后再测试。

外界声音过强也会造成主机自动降低音量，等待外界声音减弱后，可自动恢复。

三、声音忽大忽小

电力不足会造成声音忽大忽小，旋转音量旋钮也不能放大声音时，应及时充电。

四、耳机出现啸叫

耳机中传出连续的尖声，这是由于探头接收到耳机的声音，放大后又经过耳机播出来，形成循环，导致啸叫。一般降低音量或者使耳机远离探头即可避免啸叫。

五、出现噪声干扰

检查出现噪声的同时有什么东西在动，脚步移动、风吹过、汽车驶过等物体运动均会产生噪声干扰。停止物体运动或选择物体运动间隙进行侦听。

手机信号（收发信息和通话等）会影响侦听，出现一阵阵噪声。将手机移到较远处可以减少干扰。

六、黑屏

检查是否电量不足，插入电源插头充电。

如果放置一会便黑屏，检查是否为主机进行了屏幕保护。短暂按压主机开关 2 s，出现屏幕保护图像时，按照提示划动屏幕，恢复到正常显示。如果不需要屏幕保护，可在 Windows 操作系统中进行设置。

上述方法无效时，长按主机开关约 20 s，强制主机关机。松开手后停顿 2 s，再按压开关 2～5 s，重启主机。

如果主机启动到一半又持续黑屏，可能是电池没电，需要充电。

七、图像灰暗

在 Windows 操作系统的显示设置中调节亮度。

八、图像和声音不匹配

敲击探头附近，图像上未出现敲击的波形，而敲击主机时出现敲击波形，可能是机内线路出现问题。如果先前改动过主机音频设置，也会由于缺省的录音设备改动导致探头音频无法传入。

九、出现"Audio can not be open"提示

Windows 系统的录音设备不存在或被禁用时，会出现这个提示。机内线路连接故障也会导致出现这个问题。

十、按主机开关无法开机

一般按压 5 s 后，检查是否能开机。如果仍未能开机，可长按主机开关约 20 s，强制主机关机。松开手后停顿 2 s，再按压开关 5 s，重启主机。如果反复操作仍无法开机，可能是主机电池电量低，需要先进行充电。

十一、探头装入筒型声采集器时过紧或过松

最初使用筒型声采集器时，盒壁可能较紧，探头不容易插入和拔出。可以将盒壁粘贴的材料减少一些，使探头方便插拔和固定。盒体使用长时间后，盒壁粘贴材料过少会导致探头松脱，可贴上电工胶布，加强对探头的紧固。

十二、螺钉折断

螺钉长时间使用，或遇到特别坚硬的木材时，操作不当容易折断。当折断在电起子孔中卡住，可烤热外筒，并用小钉子向内敲，使折断的螺钉帽松脱。

第六章

声检测方法、策略及方案

第一节　声检测方法

声检测一方面依靠良好的检测设备，另一方面依赖于恰当的检测方法，二者相辅相成，缺一不可。声检测方法并非仪器的操作方法，而是检测时所采用的方案和措施，采用适当的声检测方法能够获得理想的检测数据。采用何种声检测方法要分析实际情况，根据具体的环境、被检测物、虫种和时间来实施。

一、方法的制定依据

声检测方法需要根据多方面的实验数据制定，根据使用经验不断完善。制定声检测方法的依据有：

（一）蛀虫资料

蛀虫活动的时间就是发声的时间，在此期间可以开展检测。蛀虫发声间隔时间决定了检测时长。

根据蛀虫的空间分布，可以确定检测位置。虫口密度决定了检测点的布置和检测时长。

从蛀虫的习性可以确定检测哪种类型的发声。蛀虫的声音特点是判断种类、虫态、龄期的依据。

（二）声传递规律

在不同的介质中，虫声传递的距离和范围不同。掌握声传递规律，可以更准确地选择检测点和检测点间距，利用声传递的衰减程度可以判断蛀虫的位置。采用具有吸声和隔音的材料可以降低噪声的影响。

（三）噪声特点

根据噪声的发生时间、范围、性质和传播途径，可以决定抗噪的方法。

（四）操作经验

积累声检测经验，就可以更便捷地进行检测操作，更准确地判别蛀虫情况。

二、检测时间

检测时间包括检测的季节、时间点和检测一次所用的时间。

要选择在蛀虫发声虫态所在季节和发声时段，再根据实际情况确定检测的时点和时长。选择检测时点时，要考虑工作方便的时间段，还要抓住噪声干扰少的时机。

检测的时长至少要大于两次发声间隔时间，以能判断出蛀虫声的最短时间为限。对于发声密集的蛀虫，检测时间可以很短，甚至 1 s 就可以判断。而单头蛀虫活动的，如果发声间隔时间长，就需要较长的时间检测。检测前要对可能检测到的虫种有一个大致了解，以便确定检测时长。某些蛀虫有假死或暂停发声的习性，操作时要等待一些时间再检。

三、检测位置

检测位置涉及检测位点和检测间隔距离，要根据蛀虫所在位置、虫声大小、虫声性质以及声音传播特性等来确定。

蛀虫位置对检测点的选择尤为重要。摸清待检测的蛀虫种类经常分布的区域和分布型，就能有的放矢地选择好检测点。一般靠近蛀虫的位置声音大，应尽量选择蛀虫所在位置检测。蛀虫钻蛀的深度有一定规律，木材检测时可选取该区域同一层的截面设点。

蛀虫数量多，分布面较宽，可以选取有代表性的位置设点，点数可少些；虫数少，则需要多一些检测点。

寄主上虫声传播有效距离是确定下一检测点的重要参考。虫声大的传递远，取食声传递距离比爬行声远，质地密实的介质声音传递远。一般木材、树木上距声源 20～200 cm 内；水果在 10 cm 以内。检测点间隔距离以 2 倍虫声有效检测范围为准，可不漏掉虫声源。有些虫声类型（如蠕动声）有效传播距离较近，可以间隔近一些设置下一个检测点。

利用虫声在寄主中的传递规律，可以设置好检测点。木材末端虫声较强，可将检测点设在木材末端或截面。同一年轮传递声音强，可在经过虫声源的年轮处设点。

四、检测温度

蛀虫活动的温度范围也是检测时的温度要求。有些蛀虫从极端温度恢复到正常温度时会逐渐恢复发声，需要掌握临界温度和回温需要的时间。

影响蛀虫活动的温度往往是其活动场所的温度，在外界温度偏低或偏高时，只要小环境的温度是适合的，蛀虫仍然活动。在口岸，有些原木运抵时，虽然气温较低，但是集装箱内温度高，或者因生物化学因素发热，仍有可能检测到蛀虫发声。

不同虫种活动的温度阈值不同，要抓住异同点。在阈值附近，蛀虫活动量减少，发声次数也减少。一般来说，多数蛀虫的活动温度在 15 ℃ 以上，夏季高温期间，很多蛀虫如常活动，冬季寒冷时，蛀虫基本进入休眠时间。

五、环境噪声与控制

噪声是声检测的大敌。声测仪能将非常微弱的虫声放大，外界噪声也同时被放大，一方面干扰侦听，另一方面干扰声音图像分析。虽然采用了控制噪声的处理，但是较强的噪声干扰对探测还是有一定的影响。经测试，空气中 80 dB 以上的噪声会淹没虫声。噪声影响有两种方式，一种是覆盖，噪声太大会盖住虫声，无法分辨出虫声信号；另一种是干扰，与虫声相似的噪声会增加假阳性率，导致误判，或者突然出现的噪声分散了侦听的注意力。声检测的场所往往都存在噪声，控制噪声、降低噪声对声检测的影响是声检测的首要任务之一。

（一）噪声源及特点

不同的噪声各有其特点，掌握这些特点，就能把它们和虫声区分开来，减少误判。

1. 运输工具声

各种车船鸣笛，行驶时马达轰鸣、轮子与路面的摩擦发声，一方面产生空气中的噪声，另一方面产生振动波。此类噪声有时间性，噪声大小与距离远近和声源音量有关。汽车行驶等多数噪声比较持续，波形图上为高幅度的杂波，在声谱图上呈现上下宽泛的条带（图 6-1，见彩插 56）。

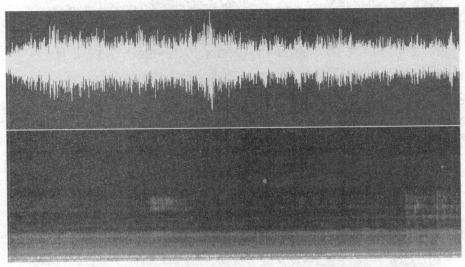

图 6-1（彩插 56）　汽车行驶噪声（上：波形图，下：声谱图）（娄定风/摄）

2. 动物声音

鸟类、家畜家禽、宠物等动物发出鸣叫或运动，均会产生噪声。此类噪声有时间性，噪声大小与距离远近和声源音量有关。一般鸟类在早上天亮前后一段时间活动频繁，后面较少有集中性喧闹。狗喜欢夜间吼叫，大多发生在有陌生人经过或狗间相互致礼时（图 6-2，见彩插 57）。不同动物声音波形不一样，声谱也各异。狗叫声频率较低（2 kHz 以下），鸟叫略高些（图 6-3，见彩插 58）。

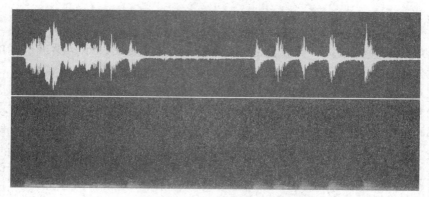

图 6-2（彩插 57） 狗叫声（上：波形图，下：声谱图）（娄定风/摄）

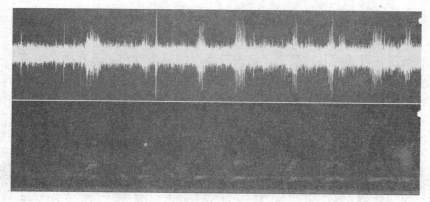

图 6-3（彩插 58） 鸟叫声（上：波形图，下：声谱图）（娄定风/摄）

3. 人声

人说话的声音对声检测干扰较大，有时容易控制，有时难控制。行走时，鞋与地面摩擦碰撞也会产生噪声。其特点是阵发性，频率较宽，波形图成各种形状，声谱图上显示较宽的柱图（图 6-4，见彩插 59）。

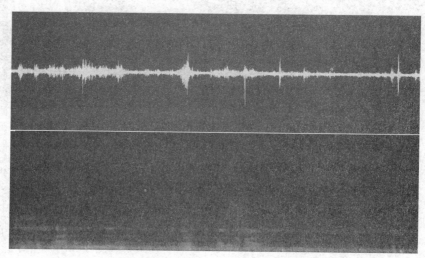

图 6-4（彩插 59） 说话声（上：波形图，下：声谱图）（娄定风/摄）

4. 人工操作声

各种工具操作会发出不同声音，近处噪声较大，只有在施工者休息时才会停止。扫地时会发出一阵阵的声音，波形图上为近似橄榄形的波形，声谱图上为宽泛的谱（图6-5，见彩插60）。

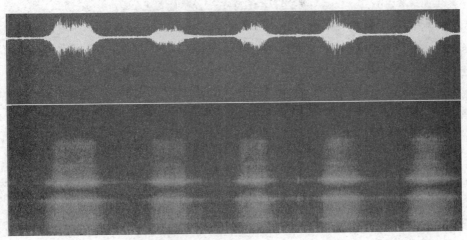

图6-5（彩插60）　扫地声（上：波形图，下：声谱图）　（娄定风/摄）

5. 无线干扰

有时，电台播音会通过无线传播进入声测仪器，一般持续时间长。手机在通话、短信时，会有"咔咔"的干扰声。波形图上为阵发的时间间隔比较规律的波形，声谱图上显示多条柱并列（图6-6，见彩插61）。

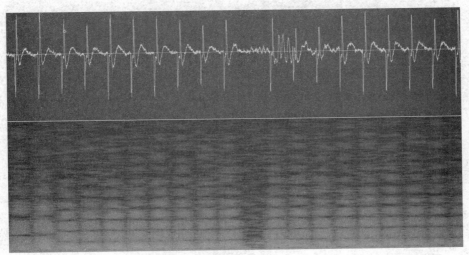

图6-6（彩插61）　手机接收短信声（上：波形图，下：声谱图）　（娄定风/摄）

6. 天气影响

户外检测常见的是风雨影响。风吹树叶带来阵阵噪声，雨滴打下也有噪声。只有风停雨止，噪声才能停止。刮风多为一阵阵的，会吹动树叶及树枝发出一阵阵响声。发声时波形图上有阵发的波，声谱图上有上下宽泛的条带（图6-7，见彩插62）。下雨时，雨滴打在物体上，形成圆润的声音，波形图上为细橄榄形状，声谱图上有细长的柱子（图6-8，见彩插63）。

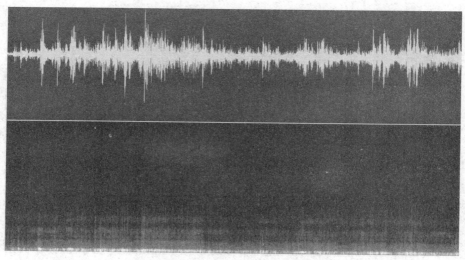

图6-7（彩插62） 刮风声（上：波形图，下：声谱图）（娄定风/摄）

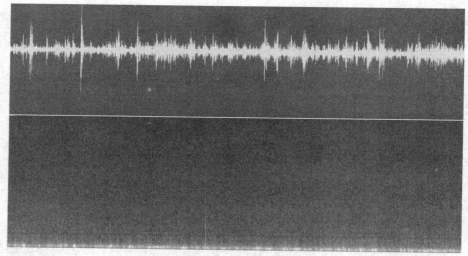

图6-8（彩插63） 下雨声（上：波形图，下：声谱图）（娄定风/摄）

7. 其他虫的干扰

某些非钻蛀性昆虫活动声（如蝉鸣）或非关注的蛀虫声也可看作一种噪声，虽然同时也发现了这些虫。

8. 被检测物的发声

一些烂水果常常会发出声音，可能与水果组织裂开有关，尤其是刚放入声采集器时。另外，当钉子钉入干木材时，钉子挤压木材组织使其开裂会发出脉冲声，这种声音随着时间延长，次数会逐渐减少，音量逐渐减小，最后消失（图6-9，见彩插64）。

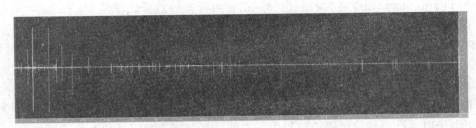

图 6-9（彩插 64）　钉子钉入干木材后出现的杂声（竖线逐渐减少）（娄定风/摄）

当放置被检测物时，最初可能未放稳，样品间摩擦、碰撞等会产生声音，时间长了，声音便逐渐消失。

（二）噪声干扰途经

噪声是一种机械波，可以通过空气传播，也可以通过物体传播。其干扰方式有：①空气噪声传入人耳，使人无法听清仪器中监测的声音；②空气噪声传入被检测物形成振动波，被探头采集后传送到主机，形成杂音和杂波，掩盖了虫声信号；③振动噪声从物体间传递到被检测物，检测时同样掩盖了虫声信号。

噪声干扰大多随声源远离而减弱，随声源停止而消失。噪声源可能不止一个，噪声干扰会叠加。与蛙虫声信号相似的干扰大，不相似的干扰小，但是噪声过强也会掩盖虫声信号。

（三）噪声控制

根据噪声的发生和传播特点，以及噪声的特性，可以制定各种降噪方法。

1. 停止声源

对于能够停止的发声声源，应尽量停止，如将运输工具的发动机熄火。说话声对声检测干扰较大，检测时一般禁止说话。声测仪对手机的无线干扰比较敏感，打电话和收发短信时会有干扰声出现，有条件应远离手机或关机。

2. 避开发声时间

有不少声源的发生时间有限，如汽车经过、动物活动时间段等，选择在没有噪声或噪声较小的时间段，或者见缝插针选择噪声间歇期检测也可以获得良好的检测效果。

3. 选择合适的地点

在无法避开强噪声时，可以考虑寻找比较安静的地点检测。远离声源也是一个办法，空气中声音的大小与距离的平方成反比。

4. 隔音

当无法减少空气中的噪声干扰时，可使用隔音材料，减弱噪声。一般厚重的材料，如墙壁、钢箱，隔音效果好一些。

使用筒型声采集器时，可以盖上盒盖，减少噪声。在噪声较大的场所，可以使用降噪箱，在箱内进行检测。

5. 吸音

吸音常与隔音同时使用，对外界的声音用隔音，对内部环境用吸音，可以大大减少噪声。

有条件的可用隔音和吸音材料制作降噪箱、消音室，效果比较显著。

6. 减振

物体中传递的振动波是噪声的一种形式，要使用减振材料将被检测物品与其他物品隔开，从而减弱振动的传递。设置多层减震材料，利用振动波在物体界面的损耗也可以降低噪声。常用的减振材料为海绵，铺设多层，减振效果显著增加。

7. 电子降噪

使用电子电路针对特定的噪声信号进行过滤，能起到明显的效果。在声测仪上一般设有降噪开关或降噪旋钮，拨动开关到降噪档或旋转旋钮可减少噪声干扰。

8. 数字降噪

在计算机内安装软件，采用降噪算法消除或减弱噪声信号，突出虫声信号，可以大大提高信噪比。

上面是减少噪声的途径，具体方法有很多，检测时应该因地制宜选择合适的方法和材料。随着仪器的改进，降噪性能也会不断提高。

需要注意的是，消噪不是说把噪声降到 0，而是降低噪声，使虫声信号能够被识别，从而达到无须花费过多的降噪费用，又能检出蛀虫的目的。有条件可以多用几种方法同时降噪，以提高降噪效果。

一般来说，木材钻蛀害虫声音较大，大型蛀虫声音较大，一般环境噪声控制在 70 dB 以下可以检测。小型蛀虫声音小，多数需要在安静环境下检测，以控制在 30 dB 以下为宜。

（四）耐噪训练

很多情况下，噪声难以避免，加强对虫声特征的识别训练可以提高对虫声的敏感性，在噪声干扰时能够分辨出虫声。

六、检测对象

声检测的对象是蛀虫的寄主。由于蛀虫寄主种类多样，检测时要区分不同的物品，选用对应的声采集器和声采集方式。

（一）木材类

木材类包括树木、树苗、原木、板材、木材制品等，以及房屋、桥梁等建筑物中的木质部分，家具、日用品等用品的木质部分等。

对于体积较大的木材，选择检测点是十分重要的。在原木和树木中，蛀虫常按一定规律分布，如小蠹常分布于树皮下，天牛会钻蛀到木质部。选择靠近蛀虫位置或在经过蛀虫位置的年轮处设置检测点，检测效果好。一般在原木截面靠周边设点也是较好的位置。原木截面中心一般声音较弱，除非直径很小，天牛类可蛀至中心。树木的不同高度染虫率不同，蛀虫大多分布在较低的位置，树木检测时要考虑检测点的高度。

一般虫声可以沿木材传递到较远的地方。采用筒形声采集器检测，最好是钉入螺钉采集内部虫声。如果有无损要求，可不钉入，将探针经过钉子或直接接触物品，也可采用黏胶将探头固定在木制品的平面上，探针直接接触被检测物。采用夹式声采集器可以即检即换样品。一般木材类的蛀虫虫声较大，检测时对噪声水平容忍度大些。

由于大体积木材中虫声的衰减，需要间隔一定距离设置下一个检测点，以保证检测覆盖完整。

（二）种子类

种子类包括粮食、豆类、调料原料（咖啡、香料）等细小物品。

一只蛀虫只在一粒种子内取食，由于种子细小，蛀虫分布在寄主内部哪个位置对检测影响不大，不存在检测点的问题。然而，一次检测大量种子，种子重叠时，虫声经过其他种子传递时会大大衰减，因此检测时要把种子直接接触到采集器的板面。

检测时，为了提高效率，可一次将大量种子放入多层型声采集器中。在样品量不大时，也可用平板型声采集器进行检测。种子类刚放入声采集器时，部分种子尚未放稳，会与其他种子摩擦而导致噪声出现。此时，应静置一段时间，或将声采集器摇动，等种子落稳再检测。

（三）果实类

果实类包括新鲜水果及果菜，如辣椒、黄瓜、番茄。

果实类较大，一般采用平板型声采集器进行检测。由于在较大的果实中，蛀虫声传递不均匀，必要时多选几个面进行检测。

部分水果在过熟或破损腐烂时也会发出声音，与虫声相似，检测时需要加以区别。这类噪声主要在挤压时出现，放在声采集器板面后静置一段时间，待其逐渐消失后再进行检测较好。

（四）块状产品

各种较大体型的产品，如块根、块茎、菌类子实体、中药材等。

采用平板型声采集器较为合适。要求样品要稳定接触到板面，尽量不要相互摩擦。

种子、果实和块状产品内的蛀虫虫声一般较弱，检测时宜将声采集器放置在降噪箱内，在较安静的环境中检测。

蛀虫为潜叶类型的，一般肉眼可见为害状，无须采用声检测；蛀花类型的检测意义不大。

七、辅助操作

在声检测之前或同时，进行一些辅助的操作，有助于声检测的实施及结果的判定。

由于蛀虫活动受到温度的制约，处于低温环境的蛀虫一般不活动。在检测前进行升温处理，有助于恢复蛀虫的活动。随着温度逐渐升高，蛀虫活动渐渐加强。不同的虫种对回暖反应不同，回升后的温度、升温速度和虫子恢复正常发声的时间都需要取得试验数据才能确认。对于在滞育期的蛀虫，一般无法用升温的方式来促其活动。

部分蛀虫对震动敏感，尤其成虫受到震动时会有假死现象。如放置样品或检测前有突然震动，可能有暂时的静默期，一般这个静默期较短，大约1 min。过了静默期后，蛀虫便继续发声。通过经验的积累，可以掌握哪些虫种的哪个阶段会有静默期，从而在检测时判断虫种及虫态。还有一些虫，如天牛，蛹期受到震动会发生蠕动，可借助敲击促使蛀虫发声。

八、蛀虫的判断

由于目前资料较少，蛀虫种类多，单纯依据声纹特征对蛀虫种类进行判断的依据还不够充分。然而，某个产地一种寄主上常见的蛀虫种类不多，依据虫声大小等特点、波形和声谱的差异，积累一段时间的经验，也可以做出初步的判断。

同种蛀虫不同虫态的口器类型或尺寸不尽相同，习性也不尽相同，取食声有一定的差异。蛹期不取食，有蠕动声；一些成虫受到震动会停止发声，出现短暂的静默期，可作为虫态判断依据。

蛀虫数量多，则发声密集。如果进行了单虫发声频率的试验，掌握了具体数据，可以推算出大致的虫口密度。

声传递特征是声源近声音大，取食声音质尖刻；声源远音量小，声音浑厚。尤其是蠕动声，传递不远，可以以此大致判断蛀虫位置。如果声音密集，声音音量差异不大，说明虫口密度大，分布广泛，定位的意义不大。

虫体大小与取食声强弱有一定关系，可以根据经验判断。对于单一种类，可粗略判断虫龄；对于可能存在多种类时，可初步判断种类。虫声大小也受到距离的影响，判断时要加以考虑。

有部分蛀虫有器官发声现象，基本出现在成虫期，具有种类特征，据此可判断蛀虫种类和虫态（成虫）。

除了依据声检测结果进行判断外，还可结合前面章节中介绍的蛀虫相关知识，如寄主、产地、为害状、发生季节等，进行综合判断，以便获得更准确的判断。

第二节　声检测策略

声检测策略指的是根据检测目的要求，选择所需的检测模式。不同模式在工作量、结果的代表性、检测效率等方面有所取舍。

一、普查模式

普查是调查某种寄主上的虫种和带虫率，对一段时间内的物品进行百分之百的检测。这种模式的检测结果是实际带虫率，但是工作量很大，尤其是虫口密度低时，很难检测。如果任务需要，而且物品数量不大，可以采取此种模式。

在木材上，全覆盖的检测策略是检测点按照有效检测距离布置，使检测点有效覆盖所有的样品。

二、抽查模式

常用的声检测策略是抽查模式。在同一批物品中，选择有代表性的样本，进行检测。这种模式工作量小，样本带虫率与实际带虫率有一定的误差范围，事先需要设计抽样方法。进行定性检测时，抽查率要根据可能的虫口密度来确定。做带虫率检测时，需要根据蛀虫概率分布类型选择抽样方法。判断带虫率是否超过某一指标，可用序贯抽样法。

三、重点检查模式

如果有充分的数据或长期的经验，知道哪种寄主经常带虫，即高风险物品，可以重点检查这种寄主。这种方法工作量小，更有针对性。实施这种检测模式时，也可以按检查样品的数量分为全部检查和抽查两种类型。

四、验证模式

传统的检测方法常常根据蛀虫踪迹来查找蛀虫，这些踪迹，如虫孔、虫粪、粉屑等，只能反映蛀虫曾经活动过，但是很多时候，这些踪迹并不能表示当前蛀虫仍然生存。许多天牛、木蠹蛾等正在为害时可见蛀孔，而豆象常常是成虫羽化离开时才出现虫孔；虫粪、粉屑可以在为害时出现，而蛀虫离开后，它们则会留下来。

由于蛀虫踪迹不能说明蛀虫当前是否还存在，为了避免盲目剖查带来的巨大工作量，在传统检测方法的基础上，结合声测法，对当前蛀虫是否还存在进行确认，可以大大节省检测时间和劳动强度，提高发现蛀虫的概率。

第三节　声检测方案

在承接声检测任务或工程时，需要制订方案，一方面形成一个计划，以便有步骤规范地实施检测；另一方面，形成文字材料，作为与客户沟通的协议，成为合同的一部分。使用设备时，也可以预先制订方案，以便合理有效地实施检测。方案包括下面几方面的内容：

一、概况

介绍本次检测任务的背景，委托方、承包方、实施方等各方的名称、简介、负责人等，项目的名称，主要内容，实施地点，数量，实施时间，测试场所的环境、条件，编制本方案的原因。

二、检测目的

阐述本次任务完成时所要达到的要求、标的、质量的指标。

三、检测依据

实施任务的行动根据。当存在有效的标准、要求时，可以引用这些文件，作为行动的指南；没有标准时，可以以常规的做法或惯例作为依据。

除了检测的标准外，根据需要，还可列入抽样、结果分析等标准，如《抽样检验标准》（GB/T 2828.1—2003）、《数值修约规则与极限数值的表示和判定》（GB/T 8170—2008）等。

四、检测内容

根据供需双方协商的结果，列出要检测的具体内容，细化范围，如检测对象、检测部位、检测数量等。

根据抽样标准，设定检测比例，检测点的数量，计算出工作量。

五、检测方法

从检测依据的标准等文本中，根据实际情况，取用需要使用的方法。在没有标准的情况下，列出计划使用的方法。

列出检测流程、步骤、顺序和进度计划，检测条件，操作方法，操作要求，操作人数，人员分工，检测策略，计算公式，规格，各检测对象的检测方法，数据采集、数据处理和统计分析方法，发现问题的处理方法等。

方法要详细、规范，具有可行性。如果有多项内容，要分别列出具体的方法。

六、检测设备

对采用的检测设备进行描述，包括设备的编号、名称、种类、型号规格、性能、数量、用途等。

在有多项任务时，需要分别列出各项任务所需要的设备。

如果同一设备具有多个检测端，可以对每个检测端的类型、参数进行描述。

七、检测记录

制定检测记录表，确定需要记录的项目、内容。

记录中常用的项目有：①检测日期和时间；②检测地点；③检测人；④检测设备及编号；⑤检测方法；⑥检测对象及编号；⑦检测位置及编号；⑧检测结果。

一个表格中，检测对象、检测位置常常有多个，对应多个检测结果，列表时应保留足够的记录位置。

八、结果评定与报告

确定检测结果的评定方法和要求。有标准的可以参照标准，没有标准的可以参照惯例。

说明检测结果的报告格式、提交方式和途径，保证后续对报告文字及数据提供解释和咨询。

九、其他

列出质量控制措施、进度保证措施、安全文明生产措施、委托方及周边单位的配合工作、人员配置和要求（资质等）、后续服务的承诺等。

参 考 文 献

安榆林，2012. 外来森林有害生物检疫 [M]. 北京：科学出版社.

白旭光，2008. 储藏物害虫与防治 [M]. 2版. 北京：科学出版社.

蔡邦华著，蔡晓明，黄复生修订，2017. 昆虫分类学（修订版）[M]. 北京：化学工业出版社.

曹新民，2011. 四纹豆象的生物学特性及防治研究进展 [J]. 生物学教学（12）：4-6.

陈乃中，沈佐锐，2001. 水果果实害虫 [M]. 北京：中国农业科学出版社.

陈乃中，2009. 中国进境植物检疫性有害生物昆虫卷 [M]. 北京：中国农业出版社.

陈耀溪，1984. 仓库害虫 [M]. 北京：农业出版社.

戴自荣，陈振耀，2002. 白蚁防治教程 [M]. 2版. 广州：中山大学出版社.

郭海鹏，2017. 陕西省小麦吸浆虫防控技术研究及应用示范 [D]. 咸阳：西北农林科技大学.

郭敏，2003. 声信号在准多孔介质中的传播及害虫弱声信号特征分析 [D]. 西安：陕西师范大学.

河南林业厅，1988. 河南森林昆虫志 [M]. 郑州：河南科学技术出版社.

胡辑，1998. 白蚁毁金堤 [J]. 环境（7）：38.

黄复生，朱世模，平正明，等，2000. 中国动物志 昆虫纲 第十七卷 等翅目 [M]. 北京：科学出版社.

黄志平，庞正轰，张少军，等，2013. 广西桉树蛀干害虫的风险分析及管理对策研究 [J]. 中国森林病虫
　　（3）：16-23.

嵇保中，刘曙雯，张凯，2011. 昆虫学基础与常见种类识别 [M]. 北京：科学出版社.

蒋裕平，黄中许，黄旭昌，1992. 松瘤小蠹虫研究 [M]. 浙江师大学报（自然科学版）（3）：79-81.

金占宝，庞正平，吴以琳，2017. 江苏省乳白蚁的发生和危害概况 [J]. 中华卫生杀虫药械（3）：275-278.

李孟楼，2002. 森林昆虫学通论 [M]. 北京：中国林业出版社.

李云瑞，2002. 农业昆虫学（南方本）[M]. 北京：中国农业出版社.

刘刚，2018. 水稻螟虫防治与思考 [J]. 四川农业科技（12）：30-31.

陆永跃，曾玲，王琳，2004. 危险性害虫褐纹甘蔗象的识别及风险性分析 [J]. 仲恺农业技术学院学报
　　（1）：7-11.

梦溪，2000. 光肩星天牛引发的故事 [J]. 中国检验检疫（2）：17-19.

秦誉嘉，2017. 橘小实蝇在全球的种群结构、定殖风险及潜在分布研究 [D]. 北京：中国农业大学.

邱强，1993. 原色梨树病虫图谱 [M]. 北京：中国科学技术出版社.

邵崇斌，徐振武，韩明耀，1997. 杨树蛀干害虫空间格局的研究 [J]. 西北林学院学报12（增）：33-36.

王新国，王定国，梁帆，等，2014. 乳白蚁分类研究进展及对我国植物检疫的影响 [J]. 植物检疫（6）：
　　8-13.

王新国，梁帆，奚国华，等，2012. 台湾乳白蚁不同种群形态学及COI基因序列比较 [J]. 仲恺农业工程学
　　院学报（3）：10-14.

王新国，吴育新，蒋湘，等，2008. 黄埔局截获的短角短鞘筒蠹及筒蠹分类 [J]. 植物检疫（2）：
　　105-107.

王新国，2009. 谷斑皮蠹和黑斑皮蠹幼虫形态比较研究 [J]. 植物检疫（1）：18-20.

吴德明，1997. 玉米象生物学特性与防治技术综述 [J]. 四川粮油科技（2）：34-40.

吴佳教，梁帆，梁广勤，2009. 实蝇类重要害虫鉴定图册 [M]. 广州：广东科技出版社.

仵均祥，2002. 农业昆虫学（北方本）［M］. 北京：中国农业出版社.

向玉勇，张帆，夏必文，等，2011. 我国水稻螟虫的发生现状及防治对策［J］. 中国植保导刊（11）：20-23.

肖刚柔，1992. 中国森林昆虫［M］. 北京：中国林业出版社.

杨星科，等，2005. 外来入侵种：强大小蠹［M］. 北京：中国林业出版社.

杨长举，张宏宇，2005. 植物害虫检疫学［M］. 北京：科学出版社.

杨忠歧，2018. 我国重大林木害虫生物防治研究进展（二）［J］. 林业科技通讯（5）：58-62.

于思勤，孙元峰，1993. 河南农业昆虫志［M］. 北京：中国农业科技出版社.

袁菲，骆有庆，石娟，等，2011. 阿尔山落叶松主要蛀干害虫的种群空间生态位［J］. 生态学报（15）：4342-4349.

张生芳，刘永平，武增强，1998. 中国储藏物甲虫［M］. 北京：中国农业科技出版社.

张生芳，施宗伟，薛光华，等，2004. 储藏物甲虫鉴定［M］. 北京：中国农业科学技术出版社.

郑乐怡，归鸿，1999. 昆虫分类（上，下）［M］. 南京：南京师范大学出版社.

周娴，黄梦琦，李婧姝，等，2018. 松材线虫病及其媒介昆虫松墨天牛综合防治进展［J］. 四川农业科技（7）：52-54.

朱西儒，徐志宏，陈枝楠，2004. 植物检疫学［M］. 北京：化学工业出版社.

Wang J，Grace J K，1999. Current status of *Coptotermes* Wasmann（Isoptera：Rhinotermitidae）in China，Japan，Australia and the American Pacific［J］. Sociobiology. 33（3）：295-305.

图书在版编目（CIP）数据

钻蛀性昆虫声检测／娄定风，王新国，汪莹编著
．—北京：中国农业出版社，2020.12
ISBN 978-7-109-26575-2

Ⅰ.①钻…　Ⅱ.①娄…　②王…　③汪…　Ⅲ.①鞘翅目
－植物害虫－声检测－研究　Ⅳ.①S433.5

中国版本图书馆 CIP 数据核字（2020）第 026491 号

中国农业出版社出版

地址：北京市朝阳区麦子店街 18 号楼
邮编：100125
责任编辑：王庆宁　刘昊阳　丁瑞华　张丽四
版式设计：杜　然　责任校对：吴丽婷
印刷：中农印务有限公司
版次：2020 年 12 月第 1 版
印次：2020 年 12 月北京第 1 次印刷
发行：新华书店北京发行所
开本：787mm×1092mm　1/16
印张：7　插页：4
字数：170 千字
定价：49.80 元

版权所有·侵权必究

凡购买本社图书，如有印装质量问题，我社负责调换。

服务电话：010-59195115　010-59194918

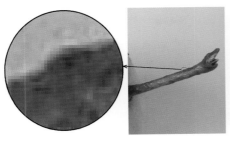

彩插1 图像局部放大后可见像素
（左侧的彩色方块） （娄定风／摄）

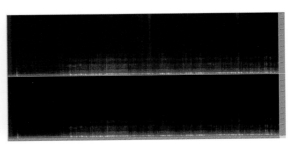

彩插2 声谱图 （娄定风／摄）

彩插3 曲颚乳白蚁兵蚁背面观
（王新国／摄）

彩插4 黑翅土白蚁有翅成虫背面观
（王新国／摄）

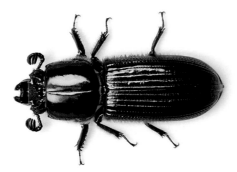

彩插5 额角黑蜣成虫背面观
（王新国／摄）

彩插6 中华奥锹甲成虫背面观
（王新国／摄）

彩插7 双叉犀金龟成虫背面观
（王新国／摄）

彩插8 日本松脊吉丁成虫背面观
（王新国／摄）

彩插9 松丽叩甲背面观 （王新国／摄）

彩插10 黑斑皮蠹成虫背面观
（王新国／摄）

彩插11 烟草甲成虫侧面观 （王新国／摄）

彩插12 澳洲蛛甲成虫背面观
（王新国／摄）

彩插13 双棘长蠹成虫侧面观 （王新国／摄）

彩插14 短角短鞘筒蠹成虫背面观
（王新国／摄）

彩插15 大谷盗成虫背面观
（王新国／摄）

彩插16 赤足郭公虫成虫背面观
（王新国／摄）

彩插17 酱曲露尾甲成虫背面观
（王新国／摄）

彩插18 锈赤扁谷盗成虫背面观
（王新国／摄）

彩插19 锯谷盗成虫背面观 （王新国／摄）

彩插20 四纹大蕈甲成虫背面观
（王新国／摄）

彩插21 缩颈薪甲成虫背面观
（王新国／摄）

彩插22 赤拟谷盗成虫背面观
（王新国／摄）

彩插23 中华木蕈甲成虫背面图
（王新国／摄）

彩插24 小蕈甲成虫背面观
（王新国／摄）

彩插 25　星天牛背面观
（王新国／摄）

彩插 26　一种负泥虫的背面观
（王新国／摄）

彩插 27　菜豆象成虫背面观
（王新国／摄）

彩插 28　黄足黑守瓜背面观
（王新国／摄）

彩插 29　椰子缢胸叶甲成虫背面观
（王新国／摄）

彩插 30　甘薯小象甲成虫侧面观
（王新国／摄）

彩插 31　咖啡豆象成虫背面观
（王新国／摄）

彩插 32　松瘤象成虫背面观
（王新国／摄）

彩插 33　中对长小蠹雄虫背面观
（王新国／摄）

彩插 34　云杉八齿小蠹成虫侧面观
（王新国／摄）

彩插 35　瓜实蝇成虫背面观
（王新国／摄）

彩插 36　咖啡豹蠹蛾成虫侧面观
（娄定风／摄）

彩插 37　印度谷螟成虫背面观
（王新国／摄）

彩插 38　杜鹃三节叶蜂成虫背面观
（王新国／摄）

彩插 39　云杉树蜂成虫背面观
（王新国／摄）

彩插 40　紫翅木蜂成虫背面观
（王新国／摄）

彩插41 橘小实蝇成虫产卵在番石榴果实中 （娄定凤／摄）

A B C

彩插42 可乐果象甲为害可乐豆症状（A：早期；B：中期；C：晚期）（娄定凤／摄）

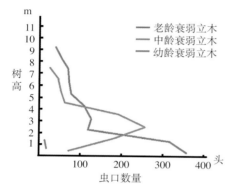

彩插43 落叶松八齿小蠹在衰弱立木上平均每株虫口数量（娄定凤／绘）

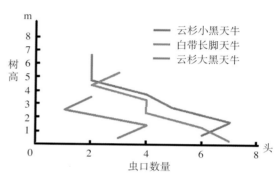

彩插44 三种天牛在老龄衰弱立木上平均每株虫口数量 （娄定凤／绘）

彩插45 光肩星天牛成虫背面观（左）及为害状（右）（王新国／摄）

彩插46 四纹豆象成虫背面观（左）及为害状（右）（王新国／摄）

彩插47 谷斑皮蠹幼虫、成虫（图左）和为害状 （王新国／摄）

彩插48 双钩异翅长蠹雄虫侧面观 （王新国／摄）

彩插49 双钩异翅长蠹为害状
（A幼虫为害，B成虫为
害，C木条被蛀空）
（娄定风／摄）

彩插50 褐纹甘蔗象成虫背面观（左）和危害
状（右）（王新国／摄）

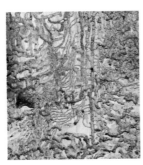

彩插51 松瘤小蠹成虫侧面观(左)及
危害状（右）（王新国／摄）

彩插52 台湾乳白蚁兵蚁（左）背面观及
危害状（右）（王新国／摄）

彩插53 橘小实蝇成虫
（王新国／摄）

彩插54 橘小实蝇在番石榴上的危害状
（娄定风／摄）

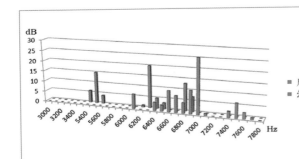

彩插55 双钩异翅长蠹幼虫和
成虫取食声主频分
布 （娄定风／绘）

彩插56 汽车行驶噪声（上：波形图，下：声谱图）（娄定风／摄）

彩插57 狗叫声（上：波形图，下：声谱图）（娄定风／摄）

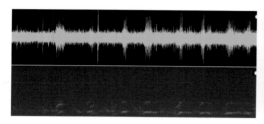

彩插58 鸟叫声（上：波形图，下：声谱图）（娄定风／摄）

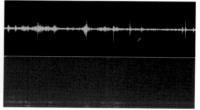

彩插59 说话声（上：波形图，下：声谱图）（娄定风／摄）

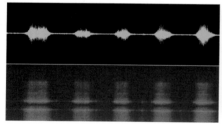

彩插60 扫地声（上：波形图，下：声谱图）（娄定风／摄）

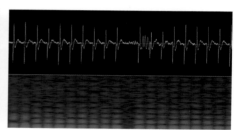

彩插61 手机接收短信声（上：波形图，下：声谱图）（娄定风／摄）

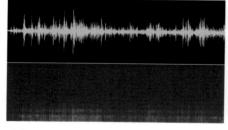

彩插62 刮风（上：波形图，下：声谱图）（娄定风／摄）

彩插63 下雨（上：波形图，下：声谱图）（娄定风／摄）

彩插64 钉子钉入干木材后出现的杂声（竖线逐渐减少）（娄定风／摄）